Manual der gynäkologischen Onkologie

Herausgegeben von der
Arbeitsgemeinschaft für gynäkologische Onkologie
der Österreichischen Gesellschaft für
Gynäkologie und Geburtshilfe

Springer-Verlag Wien New York

Arbeitsgemeinschaft für gynäkologische Onkologie der Österreichischen Gesellschaft für Gynäkologie und Geburtshilfe

E. Burghardt – Graz, Vorsitzender März 1991–März 1993
H. Salzer – Wien, Vorsitzender März 1993–März 1995

Mitarbeiter:
E. Burghardt – Graz, H. Concin – Bregenz,
O. Dapunt – Innsbruck, L.C. Fuith – Eisenstadt,
P. Hick – Wien, H. Kölbl – Wien,
E. Kubista – Wien, H. Kucera – Wien
M. Lahousen – Graz, S. Leodolter – Wien,
Ch. Marth – Innsbruck, H. Pickel – Graz,
A. Reinthaller – Wien, H. Salzer – Wien,
P. Sevelda – Wien, A. Staudach – Salzburg,
W. Stummvoll – Linz, N. Vavra – Wien

Satzherstellung: Bernhard Computertext KG, A-1030 Wien
Printed in Austria by Caesar-Druck, Ing. Helga Böhm OHG, A-8430 Leitring

Mit 1 Abbildung

ISBN-13: 978-3-211-82460-3   e-ISBN-13: 978-3-7091-9291-7
DOI: 10.1007/978-3-7091-9291-7

Vorwort

Die Arbeitsgemeinschaft für gynäkologische Onkologie der österreichischen Gesellschaft für Gynäkologie und Geburtshilfe hat sich seit ihrer Gründung im März 1991 das Ziel gesetzt, die Behandlung der weiblichen Genitalkarzinome in Österreich in gesicherter Qualität auf ein hohes Niveau zu stellen.

Dazu sollen alljährliche wissenschaftliche Tagungen mit entsprechenden Themanschwerpunkten und das jetzt vorliegende Manual der gynäkologischen Onkologie beitragen.

Die stürmische Entwicklung in der Onkologie macht es erforderlich, den jeweiligen Stand des Wissens auch denjenigen mitzuteilen, die sich nicht täglich mit der speziellen Problematik auseinanderzusetzen haben und daher auf die Vermittlung von Informationen angewiesen sind. Die Österreichische Arbeitsgemeinschaft für Gynäkologische Onkologie hat es sich daher zur Aufgabe gemacht, mit der Herausgabe eines Manuals dem Informationsbedarf des praktisch tätigen Gynäkologen, aber auch des praktischen Arztes entgegenzukommen und den aktuellen Wissensstand auf allen Gebieten der gynäkologischen Onkologie in komprimierter Form zu vermitteln. Die Beiträge sind in Zusammenarbeit derjenigen Mitglieder der Arbeitsgemeinschaft entstanden, die sich mit speziellen onkologischen Fragen beschäftigen. Es werden daher nicht die Ansichten einzelner Institutionen wiedergegeben, vielmehr beruhen sämtliche Aussagen auf einem Einverständnis, das sich innerhalb einer immer mehr abzeichnenden österreichischen onkologischen Schule herausgebildet hat. Jedes Kapitel gibt eine Übersicht über die aktuellen Fragen der Diagnostik, der Behandlung und der Prognose beim einzelnen Organkrebs. Mit voller Absicht wurde auf Literaturzitate verzichtet, jedoch die wichtigen Resultate des Schrifttums nicht übersehen. Zweifellos wird der Leser in anderen Publikationen auch Ansichten finden, die sich nicht mit den hier wiedergegebenen Regeln decken. Derartige Diskrepanzen können nicht vermieden werden. Die Österreichische Schule sieht sich aber in der Position, zu vielen Themen maßgebliche Meinungen äußern zu können, und zwar aufgrund von eigenen Erfahrungen und nicht nur als Wiedergabe fremder Theorien, die unter anderen Bedingungen gewonnen wurden.

Das Wissen um die aktuellen Therapiestrategien in der gynäkologischen Onkologie ist heutzutage ganz besonders wichtig, da anstelle der früher üblichen radikalen Standardtherapien eine individuelle, den Patienten und seiner Krankheit angepaßte Behandlung getreten ist.

Wir danken allen Mitarbeitern für ihren Beitrag zum vorliegenden Manual sehr herzlich und würden uns freuen, wenn das Buch allen onkologisch interessierten Ärzten und ganz besonders ihren Patientinnen heute und in der Zukunft Nutzen erweisen kann.

Prof. Dr. H. Salzer   *Prof. Dr. E. Burghardt*

Wien, im März 1993

Inhaltsverzeichnis

Mitarbeiterverzeichnis

Prof. Dr. E. Burghardt, emeritierter Vorstand der Universitäts-Frauenklinik
Graz, Leechgasse 55a, A-8010 Graz

Prim. Dr. H. Concin, Vorstand der Gynäkologischen Abteilung im KH Bregenz, Karl Pedenzstraße 2, A-6900 Bregenz

Prof. Dr. O. Dapunt, Vorstand der Universitäts-Frauenklinik Innsbruck,
Anichstraße 35, A-6020 Innsbruck

Prim. Dr. L. Fuith, Vorstand der Gynäkologischen Abteilung im KH Barmherzige Brüder, Esterhazystraße 26, A-7000 Eisenstadt

Dr. Paula Hick, Psychologin am Ludwig Boltzmann-Institut für Fortpflanzungsmedizin und Spezielle Gynäkologie an der Abteilung für Gynäkologie im KH Lainz, Wolkersbergenstraße 1, A-1130 Wien

Doz. Dr. H. Kölbl, II. Universitäts-Frauenklinik, Spitalgasse 23, A-1090 Wien

Prof. Dr. E. Kubista, I. Universitäts-Frauenklinik, Spitalgasse 23, A-1090 Wien

Prof. Dr. H. Kucera, Strahlenabteilung an der I. u. II. Frauenklinik, Spitalgasse 23, A-1090 Wien

Prof. Dr. M. Lahousen, Universitäts-Frauenklinik Graz, Auenbruggerplatz 14,
A-8036 Graz

Prof. Dr. S. Leodolter, Vorstand der gyn.-gebh. Abteilung im KH Lainz,
Wolkersbergenstraße 1, A-1130 Wien

Doz. Dr. Ch. Marth, Universitäts-Frauenklinik Innsbruck, Anichstraße 35,
A-6020 Innsbruck

Prof. Dr. H. Pickel, Universitäts-Frauenklinik Graz, Auenbruggerplatz 14,
A-8036 Graz

Doz. Dr. A. Reinthaller, II. Universitäts-Frauenklinik, Spitalgasse 23, A-1090
Wien

Prof. Dr. H. Salzer, Vorstand der Gyn.-Gebh. Abteilung im Wilhelminenspital,
Montleartstraße 37, A-1160 Wien

Doz. Dr. P. Sevelda, I. Universitäts-Frauenklinik, Spitalgasse 23, A-1090 Wien

Prof. Dr. A. Staudach, Vorstand der Gynäkologischen Abteilung, Krankenanstalten Salzburg, Müllner Hauptstraße 48, A-5020 Salzburg

Prim. Dr. W. Stummvoll, Vorstand der Gynäkologischen Abteilung im KH der
Barmherzigen Schwestern, Seilerstätte 4, A-4010 Linz

Dr. N. Vavra, I. Universitäts-Frauenklinik, Spitalgasse 23, A-1090 Wien

Geschichte der österreichischen gynäkologischen Onkologie

Der Begriff gynäkologische Onkologie wurde erst in den sechziger Jahren unseres Jahrhunderts definiert. Er umfaßt die Lehre von der Erkennung und Behandlung aller gynäkologischen Malignome, besonders der Cervix und des Corpus uteri, der Ovarien und Tuben, sowie der Vulva und Vagina, ferner auch der malignen Trophoblasttumoren. Schließlich ist auch noch das Mammakarzinom hinzuzuzählen.

Man hat sich in Österreich schon früh mit der Erkennung und Behandlung der gynäkologischen Malignome, vornehmlich aber mit der des invasiven Cervixkarzinoms befaßt. An dieser Stelle sei zuerst Rudolf CHROBAKS (1843-1910) gedacht, welcher durch seinen Sondenversuch als klinisches Zeichen für das invasive Cervixkarzinom in die Medizingeschichte eingegangen ist. CHROBAK gebührt auch das Verdienst, die Bedeutung der neuen Methode der Mikroskopie für die Gynäkologie erkannt zu haben. Dieser baute auf dem Werk von Julius KLOB (1831-1879), einem Schüler von ROKITANSKY auf, der sich als erster mit der pathologischen Anatomie der weiblichen Sexualorgane in monographischer Form befaßt hat. Aus dem Jahre 1908 stammt die revolutionäre Beschreibung des „atypischen Epithels" der Portio durch SCHAUENSTEIN an der Grazer Klinik. Sie war der erste und entscheidende Schritt zur echten Krebsfrühdiagnose, nicht nur an der Zervix.

Ihr folgte die Publikation von PRONAI im Jahre 1909, der an der I. Frauenklinik in Wien tätig war.

Um die Jahrhundertwende wurden durch Friedrich SCHAUTA (1841-1919) und Ernst WERTHEIM (1864-1920) die entscheidenden Schritte zur operativen Behandlung des Zervixkarzinoms getan, welche auf den Vorarbeiten von FREUD und MACKENRODT basierten. Die Publikation seiner ersten 500 Fälle im Jahre 1911 begründete den Weltruf von WERTHEIM und bedingte den Durchbruch der radikalen Operation dieses Krebses.

Man sieht also, daß die gynäkologische Onkologie in Österreich von Anbeginn auf zwei Säulen stand, nämlich auf der gynäkologischen Chirurgie und auf der gynäkologischen Pathologie. Diese Bestrebungen gipfelten in der zusammenfassenden Beschreibung einer verbesserten Diagnostik und Behandlung des Zervixkarzinoms, die in dem bekannten Buch „Zur Kenntnis des Uteruskarzinoms" von SCHOTTLÄNDER und KERMAUNER 1912 niedergelegt wurden. SCHOTTLÄNDER war der erste Gynäkopathologe in dem 1908 eingerichteten Histologischen Laboratorium der II. Universitäts-Frauenklinik in Wien.

In der Zwischenzeit erfuhr die Wertheim'sche, aber auch die Schauta'sche Radikaloperation weitere Modifikationen durch LATZKO, V. PEHAM und AMREICH. Alle heute geübten Formen der abdominalen oder vaginalen Radikaloperation beruhen auf der von LATZKO und AMREICH beschriebenen Technik und Anatomie. Walter SCHILLER setzte die Tradition der Gynäkopathologie an der II. Wiener-Frauenklinik fort und bereicherte sie durch wertvolle Beiträge zur Frühdiagnose des Zervixkarzinoms.

Trotz der schweren Kriegs- und Nachkriegszeiten konnten Tassilo ANTOINE (1895-1980) und Ernst NAVRATIL (1902-1977) die radikaloperativen Methoden beim Zervixkarzinom vervollkomnen. NAVRATIL widmete sich mit Nachdruck auch der frühdiagnostischen Methode an der Zervix uteri. Er war ein eifriger Verfechter der Kolposkopie und brachte als einer der ersten die Zytologie nach Europa. Diese Entwicklung wäre ohne die Unterstützung potenter histologischer Laboratorien in Wien und Graz undenkbar gewesen. Als Repräsentanten seien hier die Namen von Edmund SCHÜLLER und Rudolf ULM, sowie von Fritz BAJARDI und Erich BURGHARDT genannt. Den beiden letzteren sind neue und vertiefte Kenntnisse zur Morphogenese des Zervixkarzinoms zu verdanken. Ihnen war es auch zuzuschreiben, daß die Bedeutung des besonders unter Pathologen heftig umstrittenen Begriffs „Carcinoma in situ" endgültig im heutigen Sinne anerkannt wurde, ebenso wie sie grundlegende Erkenntnisse zur Frage der Mikrokarzinome der Zervix gewonnen haben. Zur gleichen Zeit hat sich REIFFENSTUHL um die weitere Erforschung des Lymphgefäßsystems des weiblichen Genitale verdient gemacht und damit eine wichtige Grundlage für die radikale operative Behandlung gynäkologischer Malignome geschaffen. In Wien hat in jüngerer Zeit GITSCH ein besonderes Verfahren zur Entdeckung von Lymphknotenmetastasen anläßlich des radikalen operativen Eingriffes beim Zervixkarzinom durch die Isotopenmethode entwickelt. Heute wird die von BURGHARDT entwickelte maximale Radikalität beim Zervixkarzinom, vor allem aber beim Ovarialkarzinom weltweit diskutiert. Ihre Bestrebungen beruhen auf exakten morphometrischen Untersuchungen der lokalen und distanten Karzinomausbreitung, die besonders für die Zervix, mittels repräsentativer und außerhalb Europas unbekannter histologischer Präparationsmethoden gemacht wurden. Mit der systematischen Lymphadenektomie bei der Operation des Eierstockkrebses wurde das bis dahin geübte „Debulking" auch auf den Retroperitonealraum erweitert, in dem Lymphknotenmetastasen mit hoher Frequenz zu finden sind.

Nach dem jahrzehntelangen Konkurrenzverhältnis zwischen den österreichischen Frauenkliniken, hat sich heutzutage die Zusammenarbeit zum Wohl der gynäkologischen onkologischen Patientin zwingend ergeben. Die Österreichische Arbeitsgemeinschaft für gynäkologische Onkologie will in der großen Tradition der hier nur knapp gewürdigten Verdienste einer österreichischen Schule tätig sein und diese Tradition nicht nur pflegen, sondern „viribus unitis" auch weitere Beiträge für ihre Fortsetzung leisten.

Maligne Tumoren der Vulva

1. Epidemiologie

Das Vulvakarzinom ist ein seltener Tumor und betrifft nur 3–5 % aller Genitaltumore. Obwohl es gelegentlich auch bei jungen Frauen vorkommt, ist das Vulvakarzinom eine Erkrankung des höheren Alters, da es in 80–85 % aller Fälle nach der Menopause auftritt. Das Prädilektionsalter liegt zwischen dem 60. und 70. Lebensjahr.

2. Pathologie

Histologisch sind über 90 % der Vulvakarzinome Plattenepithelkarzinome. Heute werden die atypischen Dystrophien, Dysplasien, Morbus Paget, Morbus Bowen und die Erythroplasie Queyrat als vulväre intraepitheliale Neoplasien (VIN) zusammengefaßt. Sie stellen das intraepitheliale Stadium des Vulvakarzinoms dar. Die vulvären interepithelialen Neoplasien werden ähnlich unterteilt wie die zervikalen intraepithelialen Neoplasien (CIN):

VIN I:	Leichte Dysplasien (geringgradige Kernatypien und Mitosen im basalen Drittel des Epithels).
VIN II:	Mittelgradige Dysplasien (obige Veränderungen betreffen auch das mittlere Epitheldrittel.
VIN III:	Schwere Dysplasien und Carcinoma in situ: alle Epithelschichten sind betroffen, die Basalmembran ist jedoch noch intakt

Das Vulvakarzinom wächst entweder endophytisch infiltrativ mit knotig erhabenen oder flachen Ulzerationen und der Infiltration des Nachbargewebes, oder exophytisch, zunächst blumenkohlartig, wobei erst später eine Tendenz zur Ulzeration besteht. Wichtig ist die histologisch-zytologische Beurteilung, also die Angabe des Differenzierungsgrades, wobei auf Mitosenreichtum und Verhornungsgrad geachtet wird. Die Häufigkeit **multifokaler Entstehung** vulvärer Karzinome wird mit bis zu **20 %** angegeben.

Die regionäre Ausbreitung des Vulvakarzinoms erfolgt auf genau bekannten Abflußwegen. Während es verhältnismäßig frühzeitig zu oberflächlichen, inguinalen Knoten entlang des Leistenbandes metastasiert, treten Fernmetastasen erst spät auf. Die Invasion der tieferen subinguinalen, bzw. femoralen Lymphknoten wurde ohne Infiltration der oberflächlichen Lymphknoten nicht beobachtet. Ebenso keine isolierte Infiltration der Lymphknoten im kleinen Becken ohne gleichzeitige Infiltration der tieferen inguinalen Knoten.

Stadieneinteilung:

Stadium I	
T1 N0 M0	Tumor auf die Vulva begrenzt, mit einem Maximaldurchmesser
T1N1 M0	von 2 cm oder weniger und ohne verdächtige Leisten-Lymphknoten.
Stadium II	
T2 N0 M0	Tumor auf die Vulva begrenzt, mit einem Durch-
T2 N1 M0	messer über 2 cm und ohne verdächtige Leisten-Lymphknoten.
Stadium III	
T3 N0 M0	Tumor über die Vulva hinaus ausgedehnt, aber ohne
T3 N1 M0	klinisch positive Leisten-Lymphknoten. Tumoren be-
T3 N2 M0	liebigen Durchmessers begrenzt auf die Vulva mit
T1N2 M0	verdächtigen Leisten-Lymphknoten.
T2 N2 M0	
Stadium IV	
T3 N3 M0	Tumoren über die Vulva hinaus ausgedehnt mit
T4 N3 M0	klinisch positive Leisten-Lymphknoten. Tumoren mit
T4 N0 M0	Befall von Blasen- oder Urethralepithel, Rektum-
T4 N1 M0	schleimhaut oder Knochen.
T4 N2 M0	
T1 N3 M0	
T2 N3 M0	
M1A	Alle Fälle mit Fern- oder tastbaren Lymphknoten-
M1B	metastasen im Becken.

3. Vorsorge

Obwohl sich das Vulvakarzinom an der Oberfläche entwickelt, gehört es zu den am häufigsten verschleppten Karzinomen mit einer durchschnittlichen Latenz zwischen Symptom und Diagnose von 6 Monaten bis zu 2 Jahren. Eine Frühdiagnose ist in Anbetracht der hohen Heilungschance bei der dann durchführbaren, begrenzten und die meist alten Frauen wenig gefährdende Therapie von großer Wichtigkeit. Weil die Zytodiagnostik nur bei positivem Befund verwertbar ist, **müssen alle verdächtigen Gewebsveränderungen biopsiert werden.** Eine lokale Veränderung der Vulva, die nach einer kurzfristigen Lokalbehandlung nicht abheilt, muß histologisch abgeklärt wer-

den. Insbesondere sind alle scharf begrenzten Veränderungen in hohem
Maße auf ein Frühstadium des Vulvakarzinoms verdächtig. Die kolposkopische Untersuchung erleichtert die klinische Beurteilung sehr.

4. Risikofaktoren

Über die Ursache des Vulvakarzinoms ist wenig bekannt. Konstitutionelle
und hereditäre Faktoren spielen offenbar keine Rolle, doch scheinen eine
späte Menarche und frühe Menopause begünstigend zu wirken.

Unspezifische chronische Infektionen der Vulva können einen prädis-
ponierenden Faktor darstellen, da das Vulvakarzinom als multifaktoriell bedingte Reizerkrankung auf Grundlage degenerativer und chronisch-dys-
plastischer Gewebsveränderungen gedeutet werden kann. Auch die Virus-
infektion wird diskutiert, da bei den invasiven Karzinomen in einem hohen
Prozentsatz HPV-16 und -18 Sequenzen gefunden wurden. Insgesamt ist die
Ätiologie des Vulvakarzinoms unklar und daher die Bildung von Risikogruppen nicht möglich.

5. Klinische Symptomatik

Alle Vulvaläsionen verursachen in der Regel Juckreiz und Brennen im
Schambereich. Diese Symptome sind aber offensichtlich nicht tumorspezi-
fisch, denn der Pruritus ist auch ein häufiges Symptom bei Pilzerkrankun-
gen, Trichomonaden und Lichen sclerosus. Außerdem tritt eine ähnliche
Symptomatik auch sekundär bei Harninkontinenz, Diabetes mellitus und
Hyperthyreoidismus auf. Ein Pruritus kann auch allergisch oder psychogen
bedingt sein. Schmerzen sind ein seltenes Symptom, da die Elastizität des
Vulvavaginalbereiches das Wachstum eines Tumors nicht einschränkt.
Schmerzen entstehen daher eher als Resultat einer gleichzeitigen Infektion
oder bei sehr fortgeschrittenen Tumoren. Auch Blutungen sind eher seltene Frühsymptome. Relativ häufig steht ein übler Geruch aufgrund von Se-
kundärinfektion der ulzerativen oder exophytischen Läsionen im Vordergrund. Häufig sucht die alte Patientin erst dann einen Arzt auf, wenn sich zu
diesen Symptomen noch ein persönliches Krankheitsgefühl dazuschlägt.

6. Diagnose

Bei der Diagnostik steht die exakte gynäkologische Untersuchung mit genauer Inspektion des äußeren Genitales im Vordergrund. Ebenso wichtig

ist bei jeder Veränderung der Vulva der Griff in die Leistenbeugen, um die dort liegenden superfizialen Lymphknoten zu beurteilen. Während das klinisch manifeste Vulvakarzinom meist makroskopisch eindeutig durch Inspektion und Palpation als solches zu erkennen ist, bieten sich zur Abklärung von suspekten Läsionen zusätzlich die Kolposkopie, der Collins-Test (Toluidin-Blauprobe), die Zytodiagnostik und schließlich die Biopsie an. Die Kolposkopie ist eine wichtige und hilfreiche Methode zur Bestimmung der Ausdehnung und Abgrenzung gegenüber gesundem Gewebe und führt zur gezielten Zytologie und Biopsie. Auch das Auftragen von 1 %iger Toluidin-Blaulösung, die nach einigen Minuten mit 1 %iger Essigsäure entfernt wird (Collins-Test), kann die Abgrenzung suspekter Areale erleichtern. Bei der **Exfoliativzytologie** der Vulva ist darauf hinzuweisen, daß wegen der Verhornung des Vulvaepithels **ein herkömmlich entnommener Zytologieabstrich kaum verwertbares Zellmaterial liefert**. Die Zellgewinnung an der Vulva soll entweder mit dem Skalpell flach schabend erfolgen, oder mittels Holzspatel, bzw. Watteträger. Die Biopsie mit qualifizierter, histologischer Befundung ist letztlich die einzige Methode, mit der ein präklinisches Vulvakarzinom exakt feststellbar ist.

Da das Vulvakarzinom eine seltene Erkrankung ist, sollte es an einem Zentrum behandelt werden. Es ist auch durchaus zu empfehlen, die endgültige Diagnosestellung dem Behandlungszentrum zu überlassen.

7. Prognosefaktoren

Die histopathologischen Prognosefaktoren haben auch beim Vulvakarzinom in letzter Zeit eine eminente Bedeutung erlangt. Während früher Vulvakarzinome rigoros einer einheitlichen Therapie unterzogen wurden – weltweit meistens mittels radikaler Vulvektomie und bilateraler Lymphadenektomie – wird heute wieder ein konservatives Vorgehen diskutiert, wobei Operation und Bestrahlung den Prognosefaktoren entsprechend eingesetzt werden. Ein solches konservatives Management soll die schweren Nebenwirkungen der Radikaloperation vermindern, ohne das Behandlungsergebnis zu gefährden.

Die Kenntnisse über Art und Häufigkeit der Metastasierung in die regionären Lymphknoten beruht auf der systematischen Auswertung der Operationspräparate. Das Risiko der Lymphknotenmetastasierung ist heute daher berechenbar.

Etwa 40 % der operierten Fälle weisen einen **Befall der regionären Lymphknoten** auf, wobei dieser mit dem zunehmenden Tumorstadium ansteigt. Die Lokalisation des Primärtumors ist für den Lymphknotenbefall von Bedeutung. Bei unilateralem Tumorsitz ist mit einer kontralateralen Metastasierung nicht zu rechnen, wenn die ipsilateralen Lymphknoten frei sind. Die Ausdehnung des Tumors auf die Strukturen der Mittellinie (Klitoris, Urethra, Vagina) erhöht das Gesamtrisiko von Lymphknotenmetastasen wesentlich. Sind die **ipsilateralen Lymphknoten befallen**, so ist mit einer **Streuung auch in kontralaterale Lymphknoten in 40–50 %** zu rechnen. Mit einer pelvinen Lymphknotenmetastasierung ist nicht zu rechnen, wenn die tieferen Inguinallymphknoten histologisch frei sind. Neben der Tumorgröße wird heute auch der Infiltrationstiefe des Tumors eine zunehmende Beachtung geschenkt. Sie ist in Hinblick auf das Risiko des Lymphknotenbefalls von wesentlicher Bedeutung. Im histopathologischen Befund muß daher auf die Angabe der Infiltrationstiefe in Millimetern besonders geachtet werden. Prognostisch bedeutsam ist auch der Differenzierungsgrad, sowie der Einbruch in Lymph- und Blutbahnen.

Für sogenannte „superfiziale" (Infiltrationstiefe bis 5 mm) Vulvakarzinome wurden in der amerikanischen GOG-Studie 5 signifikante Prognosefaktoren für den Lymphknotenbefall gefunden.

1. klinisch palpable Lymphknoten
2. Invasionstiefe
3. mittlere Lokalisation (Klitoris, Perineum)
4. Lymphgefäßeinbruch und
5. Differenzierungsgrad.

Obwohl jeder dieser Faktoren eng mit dem Lymphknotenbefall korreliert, ist er für sich alleine kein sicherer Indikator, sondern alle genannten Prognosefaktoren müssen in ihrer Gesamtheit beachtet werden.

8. Therapie

In der Behandlung der vulvären intraepithelialen Neoplasien haben **operative Verfahren den Vorrang.** Es kommen die Excision im Gesunden mit histologischer Aufarbeitung des Excisates in Stufenschnitten, die partielle oder die einfache Vulvektomie in Frage. Eine heute gängige Therapie intraepithelialer Veränderungen der Vulva begrenzter Aussdehnung ist die Lasertherapie unter kolposkopischer Sicht. Die Therapieerfolge mittels Laserbehandlung der VIN betragen ca. 90 %. Ihr Vorteil ist darin zu sehen, daß Residuen oder Rezidive kolposkopisch früher erkennbar sind und die Lasertherapie wiederholt werden kann. Gegebenenfalls kann eine Excision oder Vulvektomie immer noch angeschlossen werden. Ein wichtiger Nachteil der Lasertherapie ist in erster Linie darin zu sehen, daß kein abschließendes histologisches Untersuchungsergebnis des destruierten Gewebes vorliegt und invasive Veränderungen auf diese Weise übersehen werden können.

Bis etwa 1950 galt das *klinisch manifeste Vulvakarzinom* als einer der am schlechtesten zu behandelnden Tumore mit Heilungsrate von ungefähr 15 %. Durch die Etablierung der radikalen Vulvektomie mit beidseitiger inguinaler Lymphadenektomie und der elektrochirurgischen Vulvektomie mit Bestrahlung der Leistenlymphknoten wurde die Heilungsrate beim Vulvakarzinom gegenüber früher geübten Modalitäten wesentlich verbessert und es können absolute 5-Jahres-Überlebensraten bis zu 60 % erreicht werden. Die weltweit am häufigsten durchgeführte radikale Vulvektomie mit en-bloc Lymphadenektomie ist mit einem hohen Prozentsatz von intraoperativen, postoperativen und Spätkomplikationen belastet. Gleichzeitig konnte in der Literatur gezeigt werden, daß auch die Strahlentherapie als primäre oder adjuvante Therapie erfolgsversprechend ist. Durch die exakte Kenntnis der histopathologischen Prognosefaktoren ist es heute möglich, low-risk von sogenannten high-risk Fällen zu unterscheiden. Es werden daher beim Vulvakarzinom neue Therapiestrategien überlegt, die auf die Ausbreitung des Tumors zugeschnitten sind und die Vorteile von Operation und Bestrahlung verbinden. Durch eine solche Kombinationsbehandlung sollen die Nebenwirkungen der Radikaloperation vermindert und das Gesamtergebnis verbessert werden.

8.1 Operation

Die Ergebnisse der konventionellen radikalen Vulvektomie und beidseitiger inguinaler Lymphadenektomie wurden in zahlreichen Publikationen dokumentiert. Die Überlebens- und **Heilungsraten** für Fälle mit **negativen Lymphknoten** sind ausgezeichnet und liegen zwischen **70–100 %**, während die Aussichten für Fälle mit positiven Lymphknoten deutlich schlechter mit Überlebensraten von nur 33–68 % angegeben werden. Leider sind die Mortalitäts- und Morbiditätsraten bei dieser radikalen Operation beträchtlich. So liegt die Mortalitätsrate bei 1–5 %. Die häufigste Frühkomplikation ist jene der Wundheilungsstörung und liegt bei etwa 85 % der Fälle. 30–70 % der Patientinnen haben chronische Beinödeme, bei 15–20 % der Patientinnen werden Genitalprolaps, bzw. vaginale Strikturen beschrieben. Etwa 15 % der Patientinnen müssen wegen Komplikationen nach radikaler Vulvektomie nachoperiert werden.

Eine zusätzliche pelvine Lymphonodektomie wurde nur in wenigen Zentren durchgeführt. **Weniger als 6 % der Vulvakarzinome weisen Metastasen in den pelvinen Lymphknoten auf** und diese sind niemals befallen, wenn die inguinalen Lymphknoten frei sind. Die pelvine Lymphonodektomie wird daher nur für die Fälle diskutiert, bei denen die tiefen inguinalen Lymphknoten befallen sind. Ungefähr 15–20 % der Fälle mit mehreren positiven inguinalen Lymphknoten zeigen dann auch einen pelvinen Lymphknotenbefall. Allerdings können nur etwa maximal 25 % der Fälle mit positiven pelvinen Lymphknoten durch die Operation geheilt werden.

Eine routinemäßige Entfernung der pelvinen Lymphknoten könnte daher das Gesamtüberleben bestenfalls um 1 % verbessern unter der Annahme, daß die Erweiterung der Operation die Mortalität nicht erhöhen würde.

Der operative Trend geht daher heute von der klassischen radikalen Vulvektomie mit en-block Resektion der Leistenlymphknoten weg zur weniger extensiven Vulvaentfernung und zur getrennten Inzision der inguinalen Lymphknoten, bzw. der insgesamt weniger radikalen Lymphknotenentfernung. Die Definition der Radikalität an der Vulva wurde durch die Erkenntnis modifiziert, daß durch die Einhaltung eines entsprechend breiten, tumorfreien Resektionsgrades der gleiche Effekt zu erreichen ist, wie durch die Entfernung der gesamten Vulva. „Radikale Lokalexzision" oder „weite radikale Exzision" sind termini technici, die in diese Richtung weisen. Für eine nur oberflächliche Entfernung der Leistenlymphknoten spricht die Tatsache, daß der metastatische Befall der Lymphknotenkette in der Leiste per continuitatem erfolgt: es ist äußerst selten, daß die tieferen femoralen Lymphknoten befallen sind, wenn nicht schon die oberflächlichen inguinalen Lmyphknoten involviert sind. Die Morbiditätsrate nach inguinaler Lymphknotenentfernung ist wesentlich geringer, als jene nach Exstirpation der tiefen, femoralen Lymphknoten.

Zu den operativen Verfahren zählen auch noch die Elektroresektion und -koagulation der Vulva, bzw. die Vulvektomie mittels Laser. Mit der Elektroresektion der Vulva wurde besonders an den Universitäts-Frauenkliniken in Wien exzellente Ergebnisse erreicht. Das elektrochirurgische Verfahren zeichnet sich nicht nur durch die Kürze der Operationsdauer, sondern auch durch ein ausgezeichnetes kosmetisches Resultat und das Fehlen von Nebenwirkungen aus.

8.2 Strahlenbehandlung

Die Rolle der Strahlentherapie beim Management des Vulvakarzinoms wurde nicht in der gleichen systematischen Art überprüft wie jene der Operation. Sie wurde z. T. auch verlassen, weil die Resultate nach alleiniger Strahlentherapie schlechter als nach der Operation waren und auch die Nebenwirkungsrate beträchtlich war. Dennoch konnte bei primärer Bestrahlung in den fortgeschrittenen Stadien III und IV eine 5-Jahres-Gesamtüberlebensrate von 39 % erreicht werden, was für die Radiosensibilität des Vulvakarzinoms spricht.

Die Wirkung der Bestrahlung auf die Lymphknoten ist vergleichbar mit jener auf den Primärtumor und es finden sich Hinweise, daß die Strahlentherapie den mikroskopischen Tumorbefall in klinisch negativen Lymphknoten beeinflussen kann. So zeigte sich in mehreren Studien, daß Patientinnen mit negativen Leistenlymphknoten bei Bestrahlung der Leistenbeugen weniger Rezidive als ohne Bestrahlung entwickelten. In einer randomisierten Studie der amerikanischen GOG konnte gezeigt werden, daß die Bestrahlung der Leisten- und pelvinen Lymphknoten die Häufigkeit von Inguinalrezidiven vermindert und ein signifikanter Überlebensvorteil bei jenen Patientinnen zu finden war, die bereits klinisch involvierte Lymphknoten oder mehr als einen histologisch befallenen Lymphknoten aufwiesen. Dieses Ergebnis zeigt, daß zumindest eine **postoperative Bestrahlung von positiven Leistenlymphknoten sinnvoll ist.**

Für den vermehrten Einsatz der Strahlentherapie spricht auch die Tatsache, daß 80–95 % der Rezidive nach radikaler Vulvektomie und bilateraler Lymphonodektomie im Lokoregionalbereich von Vulva, Inguinalregion und kleinem Becken entstehen, während Fernmetastasen außerhalb dieses Areals relativ selten sind.

8.3 Kombinationstherapie

Neue Behandlungsstrategien versuchen, die möglichen therapeutischen Vorteile von Operation und Strahlentherapie entsprechend der Ausdehnung der Erkrankung auszunützen. Im folgenden sollen daher Alternativen zur einheitlichen Verwendung der radikalen Vulvektomie und bilateralen Lymphknotendissektion oder der in Wien geübten einheitlichen Elektroresektion der Vulva und nachfolgender Bestrahlung der Leistenlymphknoten aufgezeigt werden.

Die in Wien seit den 50er-Jahren durchgeführte Elektroresektion der Vulva kombiniert die Vorteile der lokalen Radikaloperation mit den Möglichkeiten der Strahlentherapie für die Behandlung der Lymphknoten und erlangt dadurch heute eine neue Aktualität. An der I. Universitätsfrauenklinik Wien erreichten von 700 so behandelten Patientinnen nahezu 70 % die 5-Jahresgrenze (Stadium I 82 %, Stadium II 80 %, Stadium III 65 %, Stadium IV 14 %). Als wesentlicher Nachteil der Methode muß festgehalten werden, daß dabei ein histo-pathologisches Lymphknoten-Staging nicht möglich ist. Auf dieses kann aber nur bei den Frühfällen verzichtet werden, während bei den fortgeschrittenen Fällen sich aus der Art des Lymphknotenbefalls weitere therapeutische Konsequenzen ergeben können (Beckenbestrahlung).

8.3.1 Günstige Frühstadien (laterale Lokalisation)

Darunter versteht man jene Fälle, bei denen der Primärtumor gut durch eine radikale Exzision mit adäquaten tumorfreien Rändern (mindestens 0,8 cm) entfernt werden kann und der die kritischen Mittellinie-Strukturen (Klitoris, Urethra, Perineum) nicht betrifft und der keine palpablen Lymphknoten aufweist. Diese Fälle machen etwa 70 % des Patientengutes aus. Solche Läsionen sind also mit einer weiten lokalen Exzision, einer Hemivulvektomie oder kompletten Vulvektomie bzw. mit einer teilweisen oder kompletten Elektroresektion der Vulva, eventuell Laser-Vulvektomie, operativ zu behandeln. Die weitere Therapie richtet sich nach der histopathologischen Diagnose, die am besten nach serieller Aufarbeitung des Operationspräparates erstellt wird.

8.3.1.1 Kleiner als 2 cm (laterale Lokalisation)

Ist der Tumor kleiner als 2 cm im Durchmesser und zeigt nur eine geringe Invasionstiefe (1 mm), keine Lymphgefäßeinbrüche, so ist das Risiko eines

Lymphknotenbefalles nahezu Null und daher auch eine Behandlung der inguinalen Lymphknoten nicht notwendig. Solche Läsionen können unter der Voraussetzung von adäquaten Resektionsrändern beobachtet werden.

Das Management aller anderen Patientinnen mit Früherkrankung muß zusätzlich eine Therapie oder weitgehende Diagnostik zunächst der ipsilateralen superfizialen Leistenlymphknoten umfassen. Das Behandlungsergebnis solcher Patientinnen ist jedenfalls ausgezeichnet und die hier vorgeschlagene Behandlungsstrategie soll die Behandlungsmorbidität dieser Patientinnen senken.

8.3.1.2 Größer als 2 cm (laterale Lokalisation)

Bei solchen Vulvakarzinomen wird empfohlen, auf beiden Seiten die Leistenlymphknoten superfizial zu entfernen. Nur wenn die superfizialen Lymphknoten befallen sind, sollen auch die tieferen Lymphknoten entfernt werden. Bei großen Tumoren wird man primär oberflächlich die tiefen Knoten resezieren. Es wird aber auch diskutiert, bei diesen Fällen auf eine histologische Lymphknotendiagnostik zu verzichten und eine Bestrahlung derselben durchzuführen, die überdies imstande ist, über 85 % der subklinischen Metastasen zu sterilisieren (Wiener Management).

Sind die histopathologischen Charakteristika des Primärtumors ungünstig (Infiltration mehr als 5mm, G/3, Lymphgefäßeinbrüche), so wird auch die zusätzliche postoperative Bestrahlung der Vulva erwogen.

Der Stellenwert der Strahlentherapie als Behandlungsmöglichkeit von klinisch negativen Lymphknoten wird zur Zeit in einer randomisierten GOG-Studie überprüft. Es ist unwahrscheinlich, daß die Häufigkeit von Inguinalrezidiven bei Patientinnen mit Lymphknotenbestrahlung zunehmen werden, da der erwartete Prozentsatz des Lymphknotenbefalls in dieser low-risk Patientengruppe sehr gering ist und die zu erwartende Beherrschung subklinischer Lymphknotenmetastasen mit der Strahlentherapie bei 85 % liegt.

8.3.2 Zentrale Lokalisation

Bei zentraler Lokalisation des Primärtumors (Klitoris, Urethra, Perineum), ist ebenso die radikale operative Entfernung anzustreben, wobei Teilresektionen der Vulva nicht zu empfehlen sind. Nur bei ausgesprochen günstiger Histopathologie des Primärtumors (G/1, G/2, minimale Infiltration, keine Lymphgefäßeinbrüche) kann hier bei nicht palpablen Lymphknoten auf ein chirurgisches Lymphknoten-Staging verzichtet werden, wenn eine Sicherheitsbestrahlung der Lymphknoten erfolgt. Bei den Fällen mit ungünstiger lokaler Histopathologie ist ein Lymphknotenbefall wesentlich wahrscheinlicher und die Kenntnis seines Ausmaßes (Zahl der befallenen Lymphknoten) kann zur Indikation einer Bestrahlung nicht nur der Inguinalfelder, sondern auch des kleinen Beckens führen. Bei ungünstiger Histopathologie des Lokaltumors ist zudem die Bestrahlung des Operationsfeldes zu empfehlen.

8.3.3 Klinisch fortgeschrittene Fälle

Darunter versteht man Tumoren mit großer Ausdehnung oder ungünstiger Lokalisation und/oder mit klinisch involvierten Lymphknoten. In diesen Fällen wird neben der radikalen Vulvektomie die oberflächliche Lymphknotendissektion auf beiden Seiten empfohlen. Trotz des suspekten klinischen Lymphknotenstatus wird sich in etwa 30 % der Fälle bei solchen Patientinnen eine Lymphknotenmetastasierung nicht nachweisen lassen. In diesen Fällen wird keine weitere Behandlung der Inguinalregionen empfohlen. Sind 2 oder mehr Lymphknoten befallen oder findet sich ein makroskopischer Lymphknotenbefall oder eine extrakapsuläre Ausbreitung, so wird postoperativ nicht nur die Bestrahlung des Inguinalfeldes, sondern auch der pelvinen Lymphknoten empfohlen. Eine Bestrahlung der Vulva wird nur bei ungünstigen Prognosefaktoren durchgeführt.

Bei Patientinnen mit fixierten, großen Inguinallymphknoten wird die präoperative Bestrahlung eventuell in Kombination mit Chemotherapie empfohlen.

Bei lokal so weit fortgeschrittenen Fällen, bei denen im Rahmen einer hinteren oder vorderen Exenteration der Sphincter ani oder -urethrae geopfert werden müßte, wird heute vielfach die primäre Bestrahlung als erfolgsversprechend empfohlen. Diese kann durch Chemotherapie ergänzt werden. Eventuell erfolgt nach dieser Therapie eine operative Entfernung von Resttumoren.

8.4 Hormontherapie

Einer hormonellen Behandlung des Vulvakarzinoms wird zur Zeit keine Bedeutung zugemessen.

8.5 Chemotherapie

Die Chemotherapie ist im allgemeinen bei der Behandlung des Vulvakarzinoms nicht indiziert, ausgenommen bei fortgeschrittenen oder disseminierten Fällen. Es kommen die gleichen Schemata wie beim Zervixkarzinom zur Anwendung, doch wurden bisher nur unbefriedigende Resultate mit Remissionsraten von etwa 10 % erreicht. Allerdings scheint die Kombination von Radiotherapie und Chemotherapie (Mitomycin und 5-FU) wirksam zu sein, doch liegen noch keine sicheren Daten vor.

9. Nachsorge

(siehe Seite 125)

10. Rezidivdiagnostik und -therapie

Das Lokalrezidiv nach Vulvakarzinom ist in der Regel histologisch leicht zu sichern. In der Therapie steht die neuerliche Operation im Vordergrund, eventuell mit einer zusätzlichen Bestrahlung, wobei 3 von 5 Rezidiven erfolgreich behandelt werden können. Auch das inguinale Rezidiv läßt sich histologisch sichern (eventuell durch Nadelpunktion). Das Inguinalrezidiv stellt zumeist den Anfang vom Ende dar. Eine Behandlung durch Operation und/oder Bestrahlung ist nicht erfolgsversprechend. Behandlungsversuche mit Chemotherapie haben bisher nur experimentellen Charakter.

Maligne Tumoren der Vagina

1. Epidemiologie

Die primären Karzinome der Scheide gehören zu den seltenen bösartigen Neubildungen der weiblichen Genitalorgane. Es gibt nur wenige Publikationen, die eine Fallzahl von 100 überschreiten. Die Häufigkeit der Vaginalmalignome wird mit 1–3% aller bösartigen weiblichen Genitaltumore angegeben. Aufgrund der Seltenheit des Tumors ist es wünschenswert, daß die Behandlung an onkologischen Zentren durchgeführt wird, da nur dadurch größere Erfahrungen im Hinblick auf eine optimale Therapie gewonnen werden können. Die bösartigen Tumore der Vagina sind überwiegend bei älteren Frauen zu finden, mit einem Häufigkeitsgipfel im 6. und 7. Lebensjahrzehnt. Im Vergleich zum Zervixkarzinom tritt die Erkrankung etwa 10–15 Jahre später auf.

2. Pathologie

Vaginalkarzinome sind zumeist Plattenepithelkarzinome. Ähnlich wie beim Zervixkarzinom ist auch beim Vaginalkarzinom hinsichtlich der Genese von einem präinvasiven Stadium auszugehen. Die multizentrische Entstehung von Karzinomen im Bereiche der Vagina ist gesichert.

Das Plattenepithelkarzinom der Vagina zeigt pathohistologisch die gleichen Formen wie das Plattenepithelkarzinom des Collum uteri. Hellzellige Plattenepithelkarzinome kommen selten auch in der Scheide vor. Die seltenen Adenokarzinome der Vagina können aus Resten des Müller'schen, Wolf'schen und Gartner'schen Ganges entstehen. Möglich erscheint auch ein Ausgangspunkt von in der Vagina gelegenen Endometrioseherden. Selten sind Tumore nicht epithelialer Herkunft, bei denen es sich überwiegend um Sarkome handelt.

Von klinisch größerer Bedeutung sind metastatische Absiedelungen und Karzinome von Nachbarorganen, die per continuitatem in die Scheide einwachsen. Der Sekundärbefall der Vagina ist sogar häufiger als das primäre Vaginalkarzinom. Am häufigsten ist das Übergreifen eines Zervixkarzinoms auf die Scheide, bzw. die metastatische Absiedelung eines Endometriumskarzinoms, welches überwiegend das obere Drittel der Scheide und den suburethralen Bereich erfaßt.

Stadieneinteilung:

Stadium 0:	Carcinoma in situ
Stadium I:	Befall nur der Vagina
Stadium II:	Mitbefall des paravaginalen Gewebes, Beckenwand frei
Stadium III:	Parakolpium bis zur Beckenwand befallen
Stadium IV:	a) Befall der Nachbarorgane (Blase, Rektum) b) Fernmetastasierung

3. Vorsorge

Die Tatsache, daß dem Vaginalkarzinom auch Dysplasien, bzw. Carcinomata in situ vorausgehen, lassen im Prinzip ähnliche Erkennungsmöglichkeiten zu wie wie beim Collum uteri. Makroskopisch können solche Veränderungen als rote Flecken erkannt werden, die aber bei der Spekulumuntersuchung, besonders bei Anwendung der selbsthaltenden Entenschnabelspekula, leicht zu übersehen sind. Die Inspektion der Scheide mit Hilfe geteilter Spekula ist daher vor allem bei älteren Patientinnen von entscheidender Bedeutung. Jede verdächtige Läsion sollte durch Exfoliativzytologie oder besser durch eine Biopsie histologisch abgeklärt werden. Vor allem die älteren und alten Patientinnen sind zu regelmäßigen gynäkologischen Vorsorgeuntersuchungen anzuhalten; durch diese wird, wenn sie gezielt durchgeführt werden, auch das Vaginalkarzinom häufiger in den beginnenden Stadien zu diagnostizieren sein.

4. Risikofaktoren

Spezifische Ursachen für die Entstehung der Vaginalmalignome sind nicht bekannt. Mögliche Dispositionsfaktoren können chronische Reizzustände im Vaginalbereich sein, wie z. B. das langjährige Tragen von Scheidenpessaren. Die in den 50iger und 60iger Jahren in den USA gehäuft aufgetretenen Adenokarzinome bei jungen Frauen wurden mit der damals häufigen Diaethylstilböstrol-Exposition ihrer Mütter in Zusammenhang gebracht. Diese Tumoren entwickelten sich bei Mädchen, deren Mütter dieses synthetische Östrogen in der Frühschwangerschaft als Abortusprophylaxe erhalten hatten.

Ein vorausgegangenes Zervixkarzinom gilt als Risikofaktor, da offenbar eine erhöhte Anfälligkeit des gesamten Genitalschlauchs für die Entstehung eines Karzinoms besteht. Auch eine radiogene Karzinomgenese wird bei Zustand nach Bestrahlung eines Zervixkarzinoms diskutiert. Insgesamt lassen sich aber überzeugende und belegbare ätiologische Kriterien für die Mehrzahl der Vaginalmalignome nicht finden, sodaß auch die Auswahl von Risikogruppen unmöglich ist.

5. Klinische Symptomatik

Die klinische Symptomatik des Vaginalkarzinoms ist jener des Zervixkarzinoms ähnlich. Im Vordergrund stehen verstärkter, z. T. blutiger Fluor und irreguläre vaginale Blutungen. Schmerzen sind eher selten und treten relativ spät auf. Leider vergehen zumeist mehrere Monate bis die Patientinnen nach Erstsymptomen den Arzt aufsuchen. Es soll aber auch darauf hingewiesen werden, daß ein Teil der fortgeschrittenen Fälle auf eine mangelhafte ärztliche Vorsorge zurückzuführen ist, vor allem wenn nach Blutungen in der Perimenopause oder Postmenopause auf eine exakte klinische und histologische Abklärung verzichtet wird.

6. Diagnose

6.1 Frühstadien

Wie bereits erwähnt, ist die Erkennung eines Carcinoma in situ der Vagina schwierig und solche Befunde können leicht übersehen werden. Jede verdächtige Läsion der Vagina soll durch eine Biopsie histologisch geklärt werden. Um die Ausbreitung subklinischer Veränderungen besser beurteilen zu können, ist nicht nur die Kolposkopie, sondern auch die Schiller'sche Jodprobe hilfreich. Obwohl mit der Exfoliativzytologie deutlich weniger häufig suspekte Befunde in der Vagina als an der Portio gefunden werden, sollte in keinem Fall auf eine sorgfältige zytologische Kontrolle verzichtet werden.

6.2 Klinisches Karzinom

Makroskopisch imponiert das klinische Scheidenkarzinom entweder als flächenhafte Infiltration der Scheidenhaut mit geröteter und erhabener Oberfläche oder als exophytisch-papillärer Tumor, der das Scheidenvolumen z. T. ausfüllen kann, bzw. als unregelmäßig-kraterförmiges Geschwür mit wulstigem Rand und schmierig-hämorrhagischen Belägen. Die Vagina wird dabei häufig zu einem starren Rohr umgeformt. Bei der klinischen Diagnose ist es wichtig, einerseits auf die Karzinomfreiheit der Cervix uteri zu achten und andererseits eine metastatische Scheidenveränderung auszuschließen. Alle Fälle, die eine auch nur randständige Beteiligung des Collum uteri aufweisen, gelten primär als Zervixkarzinome. Die Diagnose erfolgt nach Spekulumeinstellung bzw. vaginaler und rektaler Untersuchung, bei welcher insbesonders auf die Konsistenz der Parakolpien geachtet wird, durch histologische Sicherung nach Probeexcision. Bei portionahem Sitz ist zum Ausschluß eines Zervixkarzinoms mit vaginaler Ausbreitung eine Kürettage des Zervikalkanals, eventuell mit gezielter Portiobiopsie, durchzuführen.

In Anbetracht der engen topographischen Beziehungen ist prätherapeutisch eine Abklärung des Urogenitalsystems mit Zystoskopie und i.v.Pyelographie sowie des Enddarms durch Rektoskopie erforderlich.

7. Prognosefaktoren

Über Prognosefaktoren beim Vaginalkarzinom wurde bisher nur wenig publiziert. Wie bei allen anderen Karzinomen reduziert ein zunehmendes Alter und die zunehmende Tumorgröße die kurativen Chancen der Patientin. Die Überlebensrate ist deutlich höher bei Patientinnen, bei denen das asymptomatische Vaginalkarzinom im Rahmen einer Kontrolluntersuchung diagnostiziert wurde, während sich Patientinnen mit entsprechenden Symptomen zumeist in den fortgeschrittenen Stadien befinden.

Auch die Lokalisation des Primärtumors ist entscheidend für die Prognose. Die besten Behandlungsergebnisse werden bei Tumorsitz im kranialen Drittel der Scheide erreicht. Hoch differenzierte Tumore haben eine wesentlich günstigere Prognose als schlecht differenzierte.

8. Therapie

Je nach Lokalisation, Ausbreitung des Karzinoms und Gesamtzustand der Patientin kommt eine operative Behandlung oder die primäre Strahlentherapie in Frage.

8.1 Operation

8.1.1 Frühfälle

Zur Behandlung von Dysplasien und des Carcinomas in situ hat sich die Laserdestruktion der betreffenden Areale bewährt.

8.1.2 Klinisches Karzinom

Bei zervixnaher Ausbreitung ist die Radikaloperation im Sinne der erweiterten Uterusexstirpation mit Lymphonodektomie zu bevorzugen, wobei naturgemäß der Scheidenmanschette eine besondere Bedeutung zukommt. Es hängt dann von der histologisch zu prüfenden Distanz des Schnittrandes vom Tumor ab, ob eine Zusatzbestrahlung durchgeführt werden muß.

Bei Lokalisation im mittleren Vaginalbereich ist ein operatives Vorgehen im Sinne der partiellen oder kompletten Kolpektomie vor allem bei den Frühstadien möglich. Nur bei Übergreifen des Karzinoms auf die Rektal- bzw. Blasenwand würde eine Exenteration erforderlich sein. Bei nicht zu tiefem Sitz käme auch die vaginale Radikalexstirpation, die die Mitnahme einer besonders langen Scheidenmanschette erlaubt, in Frage. Eine sekundäre Verlängerung der Scheide ist durch Hauttransplantate möglich, wenn keine Nachbestrahlung erfolgte.

8.2 Strahlenbehandlung

Die Strahlentherapie ist beim Vaginalkarzinom immer dann die Methode der Wahl, wenn eine wirklich sinnvolle Operation nicht möglich ist. Bei den Frühfällen kann diese in einer alleinigen Kontaktbestrahlung, bei den fortgeschrittenen Fällen in Kombination von Kontakt- und perkutaner Teletherapie bestehen.

Für die Kontaktbestrahlung wurden früher Radium und Caesium eingesetzt, welche heute durch das Nachladeverfahren mit niedriger oder hoher Dosisleistung (Iridium-192) ersetzt sind.

Die Durchführung der Strahlentherapie beim Vaginalkarzinom ist sehr individuell und vom Ausbreitungsmuster des Tumors abhängig. Bei Befall des oberen Drittels wird die Kontakttherapie wie beim Zervixkarzinom durchgeführt. Sind die mittleren Anteile der Vagina oder die gesamte Vagina befallen, so wird die Scheide über ihre gesamte Länge bestrahlt. Dabei muß beachtet werden, daß die Scheide im portionahen Bereich sehr hoch belastbar ist, während die Radiotoleranz im Bereiche des Introitus deutlich niedriger ist. **Im oberen Vaginaldrittel kann der Tumor mit 90–120 Gy** belastet werden, im **mittleren Drittel mit 70–80 Gy,** aber **im Introitusbereich nur mit 50–56 Gy.**

Bei fortgeschrittenen Fällen muß die Kontakttherapie immer mit einer perkutanen Teletherapie ergänzt werden. Bei Scheidenkarzinomen im oberen Vaginaldrittel und mittleren Vaginaldrittel erfolgt die externe Bestrahlung wie beim Zervixkarzinom, während bei Scheidenkarzinomen im unteren Vaginaldrittel auch die inguinalen Lymphabflußgebiete in die Strahlentherapie miteinbezogen werden müssen.

Über die Behandlungsergebnisse nach ausschließlicher Bestrahlung des Vaginalkarzinoms liegen zahlreiche Mitteilungen vor. An der I. Universitäts-Frauenklinik Wien erreichten von 434 Patientinnen 173 oder 40 % die 5-Jahresgrenze. Im Stadium I konnten 77 %, im Stadium II 44 % und im Stadium III 31 % geheilt werden.

Nebenwirkungen der Strahlentherapie sind bei der Behandlung des Vaginalkarzinoms naturgemäß häufiger als bei der Behandlung des Zervixkarzinoms. Bei der Aufklärung der Patientin über ihre Erkrankung sind daher auch mögliche Therapiefolgen zu berücksichtigen und auf das relativ hohe Risiko der Blasen- und Darmschädigung mit chronischer Ulzerationen bis zur Fistelbildung hinzuweisen. Die Möglichkeit solcher Schädigungen wird im allgemeinen eher in Kauf genommen, als die bei den Exenterationen nötigen Blasen- oder Darmausgänge. Bei Übergreifen des Karzinoms auf die Blasenwand oder die Wand des Rektums ist bei kurativen Strahlendosen praktisch unweigerlich mit einer Fistelbildung zu rechnen.

8.3 Hormontherapie

Einer hormonellen Behandlung des Vaginalkarzinoms wird zur Zeit keine Bedeutung beigemessen.

8.4 Chemotherapie

Die Chemotherapie hat beim Vaginalkarzinom nur als palliative Behandlungsstrategie Bedeutung und wird dann ähnlich eingesetzt wie beim Zervixkarzinom (siehe Seite 32).

9. Nachsorge

(siehe Seite 125)

10. Rezidivdiagnostik und -therapie

Die Rezidiv-Diagnostik erfolgt im Rahmen der Nachsorgeuntersuchungen, verdächtige Befunde werden biopsiert.

Bei der Rezidivbehandlung wird in der Regel der Strahlentherapie der Vorzug gegeben. Die Gesamtdosis muß allerdings bei der Rezidivbehandlung um ein Drittel reduziert werden, da schon bei niedrigeren Dosen schwere Strahlennebenwirkungen möglich sind. Bei zentralen, intravaginal gelegenen Rezidiven findet man mit einer genügend hohen Kontaktbestrahlung das Auslangen, während bei Rezidiven an der Beckenwand eine externe Bestrahlung durchgeführt werden muß. Bei jedem zentral lokalisierten Rezidiv, das nicht an der Beckenwand fixiert ist, muß auch die Exenteration in Betracht gezogen werden, da Stomata pflegerisch leichter zu behandeln sind, als die nach Bestrahlung oft irreparablen Fisteln.

Zervixkarzinom

1. Epidemologie und Ätiologie

Das mittlere Erkrankungsalter für das invasive Zervixkarzinom liegt zwischen 45 und 55 Jahren, für die Vorstadien etwa 10 Jahre früher. In den westlichen Ländern wurde in den letzten Jahrzehnten eine Abnahme der Häufigkeit des Zervixkarzinoms festgestellt. Diese Abnahme ist hauptsächlich auf die verbesserte Frühdiagnostik zurückzuführen.

Hinsichtlich der Inzidenz bestehen jedoch geographische Unterschiede. Das Zervixkarzinom kommt in den Entwicklungsländern häufiger vor als in den Industrieländern. Im Vergleich zu den abnehmenden Inzidenzraten des invasiven Zervixkarzinoms wurde eine Zunahme der Vorstadien festgestellt.

Als prädisponierende Risikofaktoren des Zervixkarzinoms werden niedriger sozioökonomischer Status, mangelnde Sexualhygiene, frühzeitige Aufnahme sexueller Beziehungen, Promiskuität, sowie eine hohe Geburtenzahl angesehen. Sozioepidemiologische Studien weisen auf die Bedeutung eines sexuell übertragbaren Faktors für die Genese des Zervixkarzinoms hin.

Längere Zeit wurde einem bestimmten Subtyp des Herpes simplex (HSV 2) eine Rolle als Cokarzinogen beim Zervixkarzinom zugewiesen. In letzter Zeit jedoch wird zunehmend die Rolle der humanen Papillomviren (HPV) als Kofaktoren für die Genese des Zervixkarzinoms, bzw. seiner Vorstufen vermutet. Sowohl immunhistochemisch, als auch elektronenoptisch konnten HPV-Antigene, bzw. virale Partikel in Zellen von zervikalen intraepithelialen Neoplasien nachgewiesen werden. Insgesamt sind bis heute etwa 75 Subtypen des HPV-Virus bekannt. Allerdings sind nur einige dieser Typen von pathogenetischer Bedeutung beim Zervixkarzinom. Dies sind im wesentlichen die Subtypen 16, 18, 31 und 33.

In letzter Zeit ist auch auf einen möglichen Zusammenhang zwischen dem Zigarettenrauchen und der Entstehung des Zervixkarzinoms hingewiesen worden.

Zwischen der Einnahme der hormonalen Kontrazeptiva und der Entstehung des Zervixkarzinoms konnte bisher keine direkte ätiologische Beziehung hergestellt werden. Auf der einen Seite muß bei dieser Gruppe auf Grund des Sexualverhaltens mit einer höheren Zahl von zervikalen Neoplasien gerechnet werden. Auf der anderen Seite hingegen gehen gerade diejenigen Patientinnen, die orale Kontrazeptiva einnehmen, häufiger zu Voruntersuchungen.

Prinzipiell konnte nicht nur die Morbidität, sondern auch die Mortalität des Zervixkarzinoms in den westlichen Ländern gesenkt werden. Die Abnahme der Mortalität des Zervixkarzinoms ist am ehesten durch die frühzeitige Diagnose und Therapie von präinvasiven und frühinvasiven Karzinomen an der Cervix uteri verursacht.

2. Symptomatik

Die Symptomatik bei Patientinnen mit Zervixkarzinom ist sowohl von der Ausbreitung des Tumors, als auch von seinem Stadium abhängig. Vorstadien zeigen keine, Frühstadien nur wenig Symptome. Diese Veränderungen werden zumeist zufällig anläßlich der gynäkologischen Voruntersuchung entdeckt. Fortgeschrittene Tumoren machen sich in etwa 90 % der Fälle durch Symptome bemerkbar.

Das kardinale Symptom beim Zervixkarzinom ist die abnorme Blutung. Sie tritt als Schmier- oder Zwischenblutung, aber auch als klimakterische oder als Menopausenblutung, sowie vor allem als Kontaktblutung auf. Blutig tingierter, oder übelriechender Fluor deutet auf einen ausgedehnten, nekrotisch zerfallenden, sowie infizierten Tumor hin. Ausstrahlende Unterleibsschmerzen entsprechen einem fortgeschrittenen Karzinomwachstum, das die Grenzen der Cervix uteri bereits überschritten hat und in benachbarte Organe des Beckens eingewachsen ist. Die Trias aus lumbosakralen Schmerzen, einseitigem Beinödem und Ureterenobstruktion an der gleichen Seite zeigt gewöhnlich die weit fortgeschrittene, nicht mehr kurative Tumorerkrankung an.

3. Diagnostische Maßnahmen beim präklinischen Zervixkarzinom

Die Erfassung von Epithelatypien an der Cervix uteri im Sinne der Vor- und Frühstadien des Zervixkarzinoms ist die Domäne der kombinierten zytologischen, kolposkopisch, histopathologischen Untersuchung.

3.1 Zytologie

Zur zytologischen Diagnostik werden Zellabstriche von der Portiooberfläche, sowie aus dem Zervixkanal entnommen und durch Fixierung und Färbung mikroskopisch beurteilt. Die Wiedergabe der zytologischen Befunde beruht nach wie vor auf dem Schema von Papanicolaou, das mehrfach modifiziert wurde und nunmehr in der Österreichischen Version des Münchner Schemas vorliegt. Allerdings ist zu erwarten, daß sich nach einiger Zeit doch die deskriptive Zytodiagnostik nach der sogenannten Bethesda Nomenklatur durchsetzen wird.

Im Rahmen der üblichen Zytodiagnostik wird das zytologische Zellbild beschrieben, die zytologische Diagnose vermittelt und bei pathologischen Befunden unter Berücksichtigung des zu erwartenden histologischen Bildes eine weiterführende Diagnostik empfohlen.

Gruppe	Zytologischer Befund	Weitere Maßnahmen
I	normales Zellbild	
II	entzündliche, regenerative, metaplastische oder degenerative Veränderungen	ev. Abstrich wiederholung
II W	gering dysplastische Zellen inkl. koilozytotische Dysplasie (CIN I)	
III	Schwere entzündliche oder degenerative Veränderungen und/oder schlecht erhaltenes Zellmaterial; CIN III oder invasives Karzinom nicht auszuschließen; abnorme Drüsen und Stromazellen des Endometriums nach der Menopause	kurzfristige zytologische Kontrollen, wenn nötig nach Aufhellungs behandlung ev. auch histologische Klärung
III D	Zellen einer Dysplasie mäßigen Grades, inkl. koilozytotischer Atypien (CIN II)	zytologische Kontrolle in 6 Monaten. Bei Persistenz histologische Klärung
IV	Zellen einer schweren Dysplasie inkl. koilozytotischer Atypien (CIN III)	
V	Zellen eines invasiven Zervixkarzinoms oder anderer maligner Tumoren	histologische Klärung
O	technisch unbrauchbar (z. B. zu wenig Material, unzureichende Fixierung)	sofortige Wiederholung

Die Sensitivität für die zytologische Erfassung des Zervixkarzinoms und seiner Vorstufen wird mit 80 bis 90 % angegeben. Dabei wirken sich die falsch negativen Befunde wesentlich schwerwiegender auf den Erfolg der Krebsvorsorge aus, als die falsch positiven. In optimal geführten qualitativ hochwertigen Zytolabors liegt die Rate von falsch negativen Befunden zwischen 10 und 15 %. Zwei Drittel der Ursachen für die falsch negativen zytologischen Resultate sind in der mangelhaften Abnahme und in der schlechten Präparation des Abstriches zu suchen. In einem weiteren Drittel liegt der Fehler bei den untersuchenden Zytologen.

3.2 Kolposkopie

Zur kolposkopischen Diagnostik werden die Portio vaginalis uteri und der einsehbare untere Anteil des Zervikalkanals mit dem Kolposkop betrachtet. Nur wenn die Grenzzone zwischen Plattenepithel und Drüsenepithel, bzw. die gesamte Transformationszone übersehen werden kann, ist die kolposkopische Methode auch wirklich erfolgreich. Bei 10 bis 20 % der prämenopausalen Frauen und bei einem noch viel größeren Anteil der postmenopausalen Patientinnen ist die Transformationszone in dem unteren Anteil des Zervikalkanals lokalisiert. Durch das Betupfen der Portiooberfläche mit 3 %-iger Essigsäure werden bestimmte Strukturen im pathologischen Plattenepithelbelag zur Quellung gebracht und weißlich verfärbt. Eine Gefäßzeichnung tritt verstärkt hervor. Das originäre Zylinderepithel, insbesondere im Bereiche einer Ektopie, wird mit der Essigsäureprobe erst richtig sichtbar gemacht. Der Transformationszone, dem sekundär von Plattenepithel überkleideten Drüsenfeld, als häufigstem Ort der Entstehung des Zervixkarzinoms, kommt eine besondere Bedeutung zu. In den letzten 15 Jahren wurden eine Reihe von Versuchen gestartet, um Vorschläge für eine einheitliche kolposkopische Klassifikation zu erarbeiten.

Die kolposkopische Untersuchung ist eine ausgezeichnete diagnostische Ergänzung zur Zytologie. Sie gewährleistet eine zuverlässige Beurteilung der Lokalisation und Ausdehnung eines pathologischen Epithelbezirkes und ermöglichen darüber hinaus eine gezielte Biopsie aus den verdächtigen Bezirken. Mit der Zusatzuntersuchung der sogenannten Schiller'schen Jodprobe (mit 1 %iger Lugol'scher Lösung) können Ausdehnung und Begrenzung eines pathologischen Plattenepithels an der Portio genau bestimmt werden. Eine jodpositive Reaktion schließt mit hoher Zuverlässigkeit die Existenz einer darunterliegenden Epithelatypie aus.

Kolposkopische Oberbegriffe		Kolposkopische Terminologie	
Normale Befunde		innerhalb der Umwandlungszone	außerhalb der Umwandlungszone
		originäres Plattenepithel	idem
		Drüsenepithel (Ektopie)	Adenosis
		normale Umwandlungszone	idem
Abnorme Befunde	unverdächtige Veränderungen	kolposkopisch stummer, jodgelber Bezirk	idem
	zweifelhafte Veränderungen	ungewöhnliche Umwandlungszone (massiv essig-weiß, jodgelb)	idem
		zartes Mosaik	idem
		zarte Punktierung	idem
		zarte Leukoplakie	idem
		Erosion	idem
	verdächtige Veränderungen	ungewöhnliche Umwandlungszone (essigweiß)	idem
		grobes Mosaik	idem
		grobe Punktierung	idem
		dicke Leukoplakie	idem
		irreguläre Gefäßzeichnung	idem
		Ulcus	idem

Karzinomverdacht

Kondylomatöse Veränderungen:	flach, feinpapillär, fein- höckrig, exophytisch
Verschiedenes:	Entzündung, Endometriose
Unklare Befunde:	Plattenepithel-Zylinderepithel-Grenze, nicht sichtbar, etc.

3.2.1 Kolposkopisches Procedere

Spekulumeinstellung:
Reinigung der Portio mit trockenem Wattetupfer
Erste Besichtigung der Portio mit dem Kolposkop
Smear-Abnahme mit dem Ayre-Spatel oder Watteträger mit kleinem Kopf
Essigprobe mit 3 %-iger Essigsäurelösung (Maximum der Wirkung 1–3 Minuten, gegebenenfalls auch Wiederholung)
Zweite Inspektion mit Kolposkop
Schiller'sche Jodprobe
Dritte kolposkopische Inspektion
Bei Vorliegen jeglicher kolposkopisch verdächtiger Veränderung gezielte Knipsbiopsie zur histopathologischen Untersuchung.
Wenn keine Malignität hiebei erhoben wird und auch der zytologische Abstrich unverdächtig ist keine weitere Maßnahme.
Bei Vorliegen von CIN I und II, viral induziert oder nicht, halbjährliche zytologische und kolposkopische Kontrollen.
Bei Persistenz von CIN I und II Konisation nach Scott, bzw. Loop Excision.
Bei Vorliegen von CIN III Konisation nach Scott, bzw. Loop Excision. Nur bei isoliertem Vorliegen und guter Darstellbarkeit von CIN II und CIN III im Ektopiebereich auch Laserdestruktion erlaubt.
Bei Verdacht auf Carcinoma colli uteri Ia1 (beginnende Stromainvasion), sowie bei Verdacht auf Carcinoma colli uteri Ia2 (Mikrokarzinom) Konisation, bzw. Loop Excision.

3.2.2 Problemfälle

Koloskopie negativ – Zytologie Pap II W, III, III D:
Neuerlich Kolposkopie, neuerlich Zytologie, Curettage des Zervikalkanals, Kontrolle in spätestens 6 Monaten. Bei Persistenz der suspekten Zytologie Konisation.
Kolposkopie negativ – Zytologie positiv (Pap IV und V):
Neuerliche Kolposkopie, neuerlich Zytologie, Zervikalkanalcurettage, Kontrollen kurzfristig (ev. Konisation plus Corpuscurettage)
Kolposkopie hochgradiger Verdacht – Zytologie Pap III D, IV, V – Biopsie negativ:
Neuerliche Zytologie, neuerliche Biopsie und Curettage des Zervikalkanals. Schließlich Konisation.
Kolposkopie hochgradiger Verdacht – Zytologie negativ – Biopsie negativ:
Zytologische Kontrolle sofort, sowie in drei Monaten neuerliche Biopsie.

3.3 Konisation

Unter den angewandten diagnostischen Möglichkeiten gewährleistet die kunstgerecht vorgenommene Konisation nach Scott die größte diagnostische Sicherheit. Hiebei wird in Abhängigkeit vom Lebensalter der Patientin, der Form und Größe der Zervix und der zu erwartenden Lokalisation der Veränderungen, ein Gewebskegel aus Portio, bzw. Zervix uteri ausgeschnitten. Der restliche Zervikalkanal und das Corpus uteri werden nur bei perimenopausalen und menopausalen Patientinnen fakultativ curettiert um höhergelegene Atypien nicht zu übersehen. Die Ausschneidung des Gewebskegels erfolgt traditionellerweise mit dem Skalpell, denn nur so ist eine einwandfreie mikroskopische Beurteilung der Schnittränder des entfernten Konus möglich.

Einen wesentlichen Einfluß auf Schwangerschaft und Geburt hat die vorangegangene Konisation nicht.

Als noch einfachere Methode als die Konisation hat sich in neuerer Zeit mit einer ähnlichen diagnostischen Sicherheit die konusförmige Loopexcision empfohlen. Als Komplikationen sind bei etwa 10 % der konisierten Patientinnen therapiebedürftige Nachblutungen möglich.

Procedere nach der Konisation:

Das Konisationspräparat muß prinzipiell in Stufenserienschnitten aufgearbeitet werden. Je nach Ergebnis der mikroskopischen Untersuchung:

a) Resektion des Konus im Gesunden (CIN I, II, III, keine Invasion): Therapieende, Kontrolluntersuchung (Kolposkopie – Zytologie) in der Nachsorge.

b) Konus peripherwärts nicht im Gesunden reseziert (CIN I, II, III am peripheren Resektionsrand, keine Invasion): Kolposkopische, zytologische und bioptische Kontrollen.
Bei Persistenz von CIN III an der Restportio je nach Alter der Patientin Nachkonisation oder vaginale Hysterektomie.

c) Konus zervikalwärts nicht im Gesunden reseziert (CIN I, II, III am zervikalen Resektionsrand, keine Invasion): Curettage des Zervikalkanals bei der ersten Nachuntersuchung.
Negativer Befund: Bei jungen Frauen mit Kinderwunsch nach entsprechend genauer Aufklärung eingehend Kontrollen in der Nachsorge-Ambulanz, bei älteren Frauen oder Frauen mit weiteren Indikationen, wie Descensus uteri, Uterus myomatosus, etc., vaginale bzw. abdominale Hysterektomie.
Bei positiver Histologie und Zytologie Vorgehen wie bei Punkt b.

d) Resektion des Konus im Gesunden, beginnende Stromainvasion,
(Early stromal invasion = Collumcarcinom Ia1: Therapieende mit Kontrolluntersuchung in der Nachsorgeambulanz.

e) Resektion des Konus peripherwärts oder zervikalwärts nicht im Gesunden, beginnende Stromainvasion: Vorgehen wie bei b) und c).

f) Konisation im Gesunden, Mikrokarzinom (Collumkarzinom Ia2 -Tumorgröße kleiner als 7 x 5 mm, kein Verdacht auf Lymphgefäßeinbruch): Therapieende, Kontrollen in der Nachsorgeambulanz.
Bei peritumoralem Lymphgefäßeinbruch je nach Alter und Kinderwunsch der Frau individualisiertes Vorgehen. Bei histologisch ungünstigen Prognosefaktoren (massive Gefäßeinbrüche, Tumortyp) Wertheim'sche Radikaloperation mit Lymphadenektomie. Anderenfalls Observans mit Tumormarkern und Computertomogramm in der Nachsorge.

g) Resektion des Konus im Gesunden, Karzinom im Stadium Ib (Tumorgröße mehr als 7 x 5 mm): Wertheim'sche Radikaloperation mit pelviner Lymphadenektomie.

---

4. Diagnostische Maßnahmen beim klinischen Zervixkarzinom

4.1 Bröckelentnahme

Besteht bereits bei der klinischen Untersuchung kein Zweifel an der Malignität des Zervixtumors, reicht die Entnahme eines kleinen Gewebsbröckels aus dem Karzinom zur histologischen Diagnosesicherung aus. Dieses kann ohne Narkose mit dem scharfen Löffel erfolgen. Die diagnostische Konisation zur histologischen Abklärung eines klinischen Zervixkarzinoms ist kontraindiziert.

4.2 Klinische Diagnostik

Zur Festlegung des weiteren Therapieplans kommen zusätzliche klinische diagnostische Maßnahmen wie bimanuelle Untersuchung (Narkoseuntersuchung), Cystoskopie, Rektoskopie, Colonoskopie, Infusionsurographie, Sonographie, Computertomographie, Magnetspintomographie in Betracht. Mit diesen diagnostischen Methoden kann die kontinuierliche und diskontinuierliche Krebsausbreitung und das präopertive Tumorstaging durchgeführt werden.

5. Stadieneinteilung beim Zervixkarzinom

Stadium 0	Schwere Dysplasie (atypisches Epithel) Carcinoma in situ, Oberflächenkarzinom CIN III.
Stadium I	Karzinom ausschließlich auf die Zervix begrenzt.
Stadium IA	Präklinisches Karzinom der Zervix, welches nur mikroskopisch diagnostiziert wird.
IA1	Minimale mikroskopisch nachweisbare Stromainvasion.
IA2	Der Tumor wird mikroskopisch entdeckt und kann vermessen werden. Keine größere Invasionstiefe als 5mm. Der zweite horizontale Durchmesser darf 7 mm nicht überschreiten. Größere Tumore müssen als IB klassifiziert werden.
Stadium IB	Tumore von größerem Durchmesser oder Tiefenwachstum als Stadium IA2.
Stadium II	Das Karzinom hat die Zervix überschritten, die Ausdehnung reicht aber nicht bis zur Beckenwand.
IIA	Das Karzinom greift auf die Vagina über, aber unterstes Drittel tumorfrei. Kein nachweisbarer parametraner Befall.
IIB	Palpatorisch klinisch parametraner Befall.
Stadium III	Die Ausdehnung des Karzinoms reichts bis zur Beckenwand. Bei der rektalen Untersuchung findet sich kein freier Zwischenraum zwischen Tumor und Beckenwand, oder der Tumor greift auf das untere Drittel der Vagina über. Der Nachweis einer Hydronephrose oder einer stummen Niere bedingt die Einstufung in Stadium III.
IIIA	Befall des untersten Drittels der Vagina. Parametrien nicht bis zur Beckenwand infiltriert.
IIIB	Befall der Parametrien und Ausdehnung bis zur Beckenwand.
Stadium IV	Das Karzinom hat das kleine Becken überschritten oder es ist in die Blasen- oder die Rektumschleimhaut eingwachsen. Ein bullöses Ödem allein erlaubt nicht die Einordnung in ein Stadium IV.
IVA	Einbruch in die Blase oder Rektum.
IVB	Fernmetastasen.

6. Histopathologie

6.1 Morphogenese

In der Mehrzahl der Fälle ist der Beginn des Krebswachstums an der Zervix uteri durch die Kanzerisierung der sogenannten Reservezellen im Bereiche der Transformationszone zwischen Plattenepithel und Zylinderepithel verursacht. Hier und in den höher gelegenen zervikalen Abschnitten kommt es über die indirekte Metaplasie dieser pluriponenten Zellen zur unreiferen Form der zervikalen intraepithelialen Neoplasie. Außerhalb des Drüsenfeldes an der Portiooberfläche entstehen über die atypische Basalzellhyperplasie die reiferen zervikalen intraepithelialen Neoplasien (CIN).

Es handelt sich bei den Veränderungen der zervikalen intraepithelialen Neoplasien (CIN I, II und III, früher auch als Dysplasien und Carcinomata in situ bezeichnet) um verschiedene Erscheinungsformen, die sich qualitativ nicht voneinander unterscheiden müssen, die jedoch eine unterschiedliche Differenzierung zeigen. Aus jeder dieser zervikalen intraepithelialen Neoplasien kann der Übergang zu invasivem Wachstum erfolgen.

Je weniger hochgradig die CIN sind, um so eher können sie sich zurückbilden. Bei den CIN III (früher schwere Dysplasie, Carcinoma in situ) ist die Rückbildungswahrscheinlichkeit nicht mehr so gegeben. Bei diesen epithelialen Veränderungen ist eher mit dem Übergang in ein Karzinom zu rechnen. Man nimmt an, daß etwa 20 % der einmal entstandenen intraepithelialen atypischen Veränderungen an der Portio vaginalis uteri zu einem infiltrierenden Karzinom übergehen. Zwischen der Entstehung einer intraepithelialen Neoplasie und dem Übergang zum Krebswachstum ist eine Latenzzeit von etwa 10 Jahren anzunehmen. Vereinzelt sind aber auch kurze Laufzeiten von 1–3 Jahren bekannt geworden. Die daraus geschlossene Existenz zweier unterschiedlicher Arten von zervikalen intraepithelialen Neoplasien mit entsprechend prognostisch unterschiedlichen Zervixkarzinomen wird diskutiert. Aggressiv rasch wachsende Zervixkarzinome finden sich bei Frauen unter 35 Jahren, sowie in höheren sozioökonomischen Schichten.

6.2 Vor- und Frühstadien

6.2.1 Zervikale intraepitheliale Neoplasie (CIN)

Hiebei sind die zellulären und epithelialen Atypien auf das Epithel beschränkt. Eine karzinomatöse Stromainfiltration ist noch nicht erfolgt. Bei CIN I und II ist noch eine Schichtung des Plattenepithels und eine Ausreifung bei geringer bis mittelgradiger Kernatypie möglich.

Bei den CIN III ist die Schichtenfolge des Plattenepithels infolge der Proliferation der hochgradig atypischen Zellen nicht mehr zu sehen. Die Mitosenzahl, das Vorkommen der Mitosen auch in den höheren Epithelschichten und das Auftreten atypischer Mitosefiguren sprechen für eine CIN III.

Gelegentlich kann eine epitheliale Neoplasie auch von Drüsenepithelien der Zervixschleimhaut ausgehen (Adenocarcinomata in situ). Diese Veränderungen werden heutzutage auch als zervikale intraglanduläre Neoplasie (CIGN) bezeichnet. Sie sind eher Zufallsbefunde, die kombiniert mit dem Nachweis von zervikalen intraepithelialen Neoplasien vom Plattenepithel auftreten. Sie finden sich in über 90 % in der Nachbarschaft von atypischen Plattenepithelveränderungen.

6.2.2 Beginnende Stromainvasion und Mikrokarzinom

Zu den Frühstadien des Zervixkarzinoms gehören die beginnende Stromainvasion (Figo IA1) und das Mikrokarzinom (Figo IA2). In beiden Fällen hat der maligne Prozeß die Epithelbreite überschritten und ist in unterschiedlichem Ausmaß in das subepitheliale Bindegewebe eingedrungen.

Bei der beginnenden Stromainvasion finden sich häufig multifokal kolbenförmige atypische Plattenepithelexcreszenzen innerhalb des subepithelialen Bindegewebes. Veränderungen dieses Epithels mit sogenannten Differenzierungssprüngen und Veränderungen des umgebenden Stromas (Auflockerung und rundzellige Infiltration) machen die Diagnose einer beginnenden Stromainvasion wahrscheinlich.

Für das Mikrokarzinom ist ein umschriebenes Netzwerk von atypischen Plattenepithelveränderungen mit eindeutiger Infiltration des umgebenden Bindegewebes typisch. Als Mikrokarzinom werden in der neuesten FIGO-Einteilung diejenigen Tumoren bezeichnet, die eine Maximalausdehnung in der Länge und Breite von 7 mm und ein maximales Tiefenwachstum von 5 mm aufweisen.

Der Einbruch in das Lymphgefäßsystem muß gesondert berücksichtigt werden, da hier eine diskontinuierliche Krebsausbreitung nicht mehr ausgeschlossen werden kann. Er verändert jedoch die Stadieneinteilung nicht. Das Mikrokarzinom vom Plattenepitheltyp ist die häufigste Form. Auch mikroinvasive Adenokarzinome können diagnostiziert werden, jedoch ist der Übergang in mikroinvasives Wachstum beim atypischen Drüsenepithel nicht mit der gleichen Sicherheit zu erkennen wie bei den entsprechenden Veränderungen des Plattenepithels.

6.3 Invasives Karzinom

Bei den infiltrierenden Zervixkarzinomen wird ihrer Herkunft nach zwischen Plattenepithel und drüsigen Karzinomen unterschieden. Die prozentuelle Verteilung ist die folgende: 85 % reine Plattenepithelkarzinome, 5 % reine Adenokarzinome und 5 % Karzinome von subzylindrischem Typ, Mischkarzinome und Sonderformen.

Aus prognostischer und therapeutischer Sicht erfolgt die Bestimmung des histologischen Reifegrades (Tumorgrading). Es wird zwischen einem unreifen (G3), mittelreifen (G2) und hoch differenzierten (G1) Karzinom unterschieden. Prognostisch besonders bedeutungsvoll ist der Reifegrad im Bereiche der Invasionsfront zum gesunden Gewebe.

6.3.1 Wachstum und Ausbreitung

Vor- und Frühstadien
Entstehung und Wachstum der Vor- und Frühstadien erfolgt im zervikalen Drüsenfeld, bzw. in der sogenannten Transformationszone, dem sekundär vom Plattenepithel überkleideten Drüsenfeld an der Portio vaginalis uteri.

Mit dem Eintritt der Geschlechtsreife ektropioniert die Zervixschleimhaut. Nach Abnahme der Ovarialfunktion tritt eine Involution des Genitales mit Retraktion des Drüsenfeldes in den Zervikalkanal ein.

Durch diesen Form- und Strukturwandel der Zervix uteri im Lebenslauf der Frau verschiebt sich auch die Mehrzahl der an der Portiooberfläche liegenden intraepithelialen Neoplasien der geschlechtsreifen Frau in den endozervikalen Bereich der postmenopausalen Patientin. Ein ähnliches topographisches Verhalten ist auch bei den Karzinom-Frühstadien zu erwarten.

Wachstum und Ausbreitung des Zervikalkarzinoms erfolgen auf kontinuierlichem und diskontinuierlichem Weg. Plattenepithel- und Adenokarzinome verhalten sich in ähnlicher Weise. Das kontinuierliche Tumorwachstum vollzieht sich als Exophyt, als Endophyt oder als Mischform beider Wachstumsarten. Die Lokalisation an der Portio vaginalis uteri begünstigt ein exophytäres Wachstumverhalten, im Zervikalkanal das Wachstum von Endophyten, aber auch die kontinuierliche Tumorausbreitung auf die Parametrien. Als wesentlichste makroskopisch-mikroskopische Prognosefaktoren haben sich die diskontinuierliche Ausbreitung des Karzinoms auf die Lymphknoten, die Größe der Lymphknotenmetastasen, das Tumorvolumen, sowie vor allem der Befall der gefäßführenden Grenzzone und der Parametrien erwiesen.

Im Rahmen der fortschreitenden Tumorerkrankung kommt es auf kontinuierlichem, aber auch diskontinuierlichem Wege zur zunehmenden Ummauerung der Ureteren. Durch Vernetzung von primär diskontinuierlich wachsenden Tumorformationen, die aus parametranen Lymphknoten hervorgehen, kommt es schließlich zur kontinuierlichen Ummauerung und Obstruktion der Ureteren. Bei 50 % der an Zervixkarzinomen verstorbenen Frauen finden sich Harnwegsobstruktionen mit Pyelonephritis und Uraemie als Todesursache. Fernmetastasen in Lunge und Leber, Skelettsystem, Darm und Hirn wurden in 5 bis 11 % der betroffenen Patientinnen festgestellt.

Die Diskrepanz zwischen der klinischen Einschätzung und dem am Operationspräparat nachgewiesenen histologischen Stadium der Erkrankung ist wiederholt festgestellt worden. Ein neuer Schritt zur präoperativen Tumorvolumenbestimmung wurde mit der Kernspintomographie getan.

7. Therapie der klinischen Zervixkarzinome

7.1 Operation

Die Stadien Ib, IIa und IIb des Zervixkarzinoms werden möglichst mittels abdomineller Radikaloperation unter Mitnahme der pelvinen und/oder paraaortalen Lymphknoten behandelt. Hiebei werden der Uterus mit einer Scheidenmanschette, sowie das parametrane und parakolpane Bindegewebe entfernt. Dazu kommt die pelvine Lymphonodektomie. Der therapeutische Wert der paraaortalen Lymphonodektomie ist noch nicht eindeutig erwiesen. Die Größe der Scheidenmanschette richtet sich nach dem Ausmaß der Tumorausbreitung auf die Vagina. Die Jodprobe kann hier hilfreich sein. Die Entfernung der Ovarien ist bei jungen Frauen in der Regel nicht notwendig, da Ovarialmetastasen bei operablen Fällen äußerst selten sind. Die Radikalität bei der Entfernung von Parametrium und Parakolpium richtet sich nach der Größe des Primärkarzinoms und dem damit zu erwartenden Karzinombefall der Parametrien. Es sollte eine Parametriumresektion vor allem bei großen Tumoren bis zur Beckenwand angestrebt werden, da sich bei diesen Fällen metastatisch befallene Lymphknoten bis in die äußeren Parametriendrittel finden können. Bei adipösen Frauen und bei wenig invasiven, flachen Portiokarzinomen kann eine vaginale Radikaloperation durchgeführt werden. Die extraperitoneale Lymphadenektomie wird fallweise in einer zweiten Sitzung nach histologischer Beurteilung des Tumorvolumens und nach dem Nachweis der peritumoralen Lymphgefäßinvasion vorgenommen. Die prinzipielle Altersgrenze für die abdominelle und vaginale Radikaloperation ist 65 Jahre.

Die intra- und postoperativen Komplikationen bei den radikalen Operationen haben durch die Fortschritte der allgemeinen Chirurgie und Anästhesie deutlich abgenommen.

Als Komplikationen nach Radikaloperationen sind in erster Linie urodynamische Probleme, ferner die Fisteln (Blasen-, Scheiden- und Ureteren-Scheiden-Fisteln) zu nennen. Irreversible Lymphoedeme treten nur selten auf. Nach radikaler Lymphadenektomie wird das Auftreten von retroperitonealen, bzw. pelvinen Lymphocelen beobachtet.

7.2 Staging-Laparatomie

Im Stadium III wird neuerdings eine prätherapeutische Staging-Laparotomie beim Zervixkarzinom empfohlen, um die weitere therapeutische Vorgangsweise durch bessere Beurteilung der Tumorausbreitung individualisieren zu können. Durch eine pelvine und paraaortale Lymphadenektomie wird die Lokalisation von Lymphknotenmetastasen festgestellt, bzw. werden die Lymphknoten entfernt. Der Primärtumor wird der Strahlentherapie zugeführt.

Bei fortgeschrittenen Zervixkarzinomen (Stadium IV) oder bei Rezidiven mit Befall der Harnblase und/oder Rektum können die ultraradikalen Operationen, die Exenterationen, überlegt werden. Diese radikalen Eingriffe setzen voraus, daß keine haematogene aber auch keine weitere lymphogene Metastasierung über den paraaortalen Region erfolgt. Durch die Scalenusbiopsie sollte eine supraclavikuläre Lymphknotenmetastasierung ausgeschlossen werden.

7.3 Primäre Bestrahlung

Bei nicht operablen Patientinnen kommt die primäre Strahlenbehandlung zur Anwendung. Hiebei wird die intracavitäre-percutane Kombinationsbestrahlung durchgeführt. Ziel der Bestrahlung ist es, eine lokale Kontrolle des Tumorwachstums unter weitgehender Schonung der angrenzenden Organe von Blase und Rektum zu erreichen. Prinzipiell ist auch in niedrigeren Tumorstadien, sofern die Operationstauglichkeit nicht gegeben ist, oder die Patientin nur mehr eine Niere hat, eine primäre Bestrahlung indiziert. Das Zervixkarzinom im Stadium IIIa und IIIb wird ausschließlich bestrahlt, und zwar in erster Linie mit percutaner Hochvolt-Therapie (40–60 Gy). Vor oder nach dieser Behandlung erfolgt die Brachy-Therapie nach dem Afterloading-Prinzip. In der Brachy-Therapie werden in der Hauptsache Cäsium 137, sowie Iridium 192 eingesetzt. Bei großen Tumoren erfolgt vor der Bestrahlung eine Exophytabtragung. Die percutane Hochvolt-Therapie erfolgt durch Telekobaltgeräte mit der Erzeugung von Gammastrahlen und Linearbeschleunigern, sowie Betatron mit der Erzeugung von ultraharten Photonen. Die computergesteuerte Dosimetrie und exakte Applikatorlokalisation haben in den letzten Jahren zu einer bedeutsamen Steigerung der Effektivität und der Verträglichkeit der Strahlenbehandlung geführt.

7.4 Chemo-Therapie

Das Tumorstadium IV bei alten Frauen wird prinzipiell nur symptomatisch behandelt. Bei jungen Frauen bietet sich auch noch die primäre Chemotherapie an. Obwohl das Plattenepithelkarzinom, aber auch das Adenokarzinom der Zervix uteri lange Zeit als zytostatikaresistent angesehen wurde, haben sich doch mittlere Remissionsraten bis etwa 25,5 % ergeben. Diese relativ niedrigen Resultate sind dadurch zu erklären, daß bisher die systemische Therapie erst nach Ausschöpfung der operativen und radiologischen Möglichkeiten eingesetzt wurde. Rezidive innerhalb des Beckens mit narbiger Veränderung und schlechterer Durchblutung sind keine idealen Voraussetzungen für eine Zytostatika-Therapie. Obstruktion der ableitenden Harnwege und radiogen bedingte Erschöpfung des Knochenmarks lassen eine optimale Dosierung nicht zu. Es wurden verschiedene Therapiekombinationen von der Cisplatin-Monotherapie bis zur vierfachen Therapie mit Cisplatin-Bleomycin, Vincristin und Mitomycin entwickelt. Eine gut praktikable Chemotherapie ist die Behandlung z. B. mit Carboplatin 400 mg/m2 Körperoberfläche und Bleomycin 30 mg alle vier Wochen i.v. in insgesamt sechs Therapiekursen. Die gleiche Chemotherapie kann auch bei Frauen nach Wertheim'scher Radikaloperation angewendet werden, falls Metastasen in parametranen und/oder pelvinen und/oder paraaortalen Lymphknoten vorliegen, und wenn der Tumor massiv auf das parazervikale gefäßführende Bindegewebe übergegriffen hat. Bei jungen Frauen mit Karzinomen des Stadiums IIIb kann zunächst versucht werden, den Primärtumor in einen operablen Zustand zu bringen.

7.5 Behandlung des Karzinomrezidivs

Es wird eine neuerliche Laparotomie und die Exstirpation des Rezidivs empfohlen. Danach könnte eine Chemotherapie erfolgen, die jedoch nicht für vorbestrahlte Patientinnen geeignet ist. Bei Auftreten eines Rezidivs nach adjuvanter Chemotherapie ist eine Bestrahlungsbehandlung jedoch noch möglich.

7.6 Besondere Konstellationen

Das Karzinom des Zervixstumpfs nach subtotaler Hysterektomie kann in 0,2 bis 3 % der Patientinnen als Platten- oder Adenokarzinom entstehen. Deshalb wird heutzutage primär immer die totale Hysterektomie durchgeführt.

Das Karzinom in der Gravidität: Das invasive Zervixkarzinom in der Schwangerschaft ist ungewöhnlich und kommt in etwa einem Fall von 6000 Patientinnen vor. Prinzipiell sollte die zytologische Abklärung im Rahmen der Mutter-Kindpaß-Untersuchung vorgenommen werden. Die Behandlung der schwangeren Patientin mit invasivem Zervixkarzinom hängt vom klinischen Stadium der Krankheit ab. Patientinnen, bei denen ein invasives Karzinom ausgeschlossen werden konnte, und bei denen lediglich ein CIN III vorliegt, bzw. der Verdacht auf beginnende Invasion geäußert wurde, sollten 6 Wochen post partum konisiert werden. Stadien Ib und höhere Stadien sollten möglichst bald nach deren Entdeckung mit einer Radikaloperation ohne Rücksicht auf das Schwangerschaftsprodukt behandelt werden.

7.7 Verrucöses Karzinom

Dieser Tumor sollte möglichst immer mit einer Radikaloperation behandelt werden, da er schlecht auf primäre Radio- oder Chemotherapie anspricht. Vor allem nach Radiotherapie kommt es zum baldigen Auftreten von distanten Metastasen.

Die übrigen Sonderformen der Zervixkarzinome wie das Adenoma malignum, adenoidzystisches Karzinom, mesonephrisches Karzinom, sowie die gemischten epithelialen Karzinome werden gleich wie die Plattenepithelkarzinome, bzw. Adenokarzinome behandelt. Seltene Tumore der Zervix uteri sind vor allem das primäre maligne Melanom oder das Myosarkom. Sie werden entweder radikal operiert (Melanom) oder primär zytostatisch (Myosarkom) behandelt.

Metastatische Tumoren in der Zervix uteri stammen vor allem aus dem Gastrointestinaltrakt, der weiblichen Brustdrüse und vom Ovar. Diesbezüglich ist eine möglichst kausale Therapie des Primärtumors anzustreben.

Korpuskarzinom (Endometriumkarzinom)

1. Epidemiologie und Prognose

Das Korpuskarzinom hat in den letzten Jahren sowohl relativ als auch absolut an Häufigkeit zugenommen. 5 % aller weiblichen Krebstodesfälle sind auf das Endometriumkarzinom zurückzuführen. Laut Gesundheitsbericht wurden in Österreich im Jahre 1990 953 Fälle von Korpuskarzinom neu registriert, im gleichen Zeitraum verstarben 448 Patientinnen an dieser Erkrankung.

Altersverteilung

Der Häufigkeitsgipfel liegt um das 55.–60. Lebensjahr, es kommt jedoch durchaus auch bei jüngeren Patientinnen vor.

Prognose

5-Jahres Überlebensprognose (annual report)

GESAMT	75,5 %
Stadien I/II (Figo 1971)	81 %
Stadien III/V (Figo 1971)	27 %

2. Pathologie

2.1 Vorstadien

Histopathologisch ist die nicht präkanzeröse glandulär-zystische Hyperplasie von der adenomatösen Hyperplasie abzugrenzen, die als Vorstadium eines Endometriumkarzinoms gilt.

Adenomatöse Endometrium-Hyperplasie

Grad I

Umschriebene ausgeprägte oder diffuse mäßige adenomatöse Wucherung mit Drüsenschlängelung, reduziertem Stroma, Unreife und Mehrreihigkeit des Epithels oder beginnender intraluminaler Epithelpapillenbildung.

Grad II

Diffuse ausgeprägte adenomatöse Wucherung und fokal beginnende kleinalveoläre Aufgliederung mit weitgehendem Schwund des Stromas, zunehmender Unreife und Mehrreihigkeit bis Mehrschichtigkeit des Drüsenepithels bei verstärkter intraluminaler Epithelpapillenbildung.

2.2 Korpuskarzinom

Im Jahre 1988 wurde die seit 1971 verwendete FIGO-Stadieneinteilung (Tabelle 1) zumindest teilweise durch eine neue Stadieneinteilung (Tabelle 2) ersetzt.

Letztere wurde auf Basis chirurgisch-pathologischer Kriterien erstellt, wobei als wichtigstes prognostisches Kriterium die myometrane Invasionstiefe in die Stadieneinteilung miteinbezogen wurde. Analog zum Ovarialkarzinom wird nunmehr also auch beim Endometriumkarzinom ein chirurgisch-pathologisches Staging verlangt. Für jene Fälle, welche primär bestrahlt werden, gilt allerdings weiterhin die FIGO-Einteilung von 1971, wobei ein spezieller Vermerk in der Diagnose nicht fehlen darf.

Durch die neue FIGO-Einteilung werden auch bestimmte, bislang präoperativ durchgeführte Untersuchungsmethoden in Frage gestellt. Es erscheint nunmehr wesentlich sinnvoller, ein sorgfältiges intraoperatives Staging durchzuführen, als durch teure, und in ihrer Aussagekraft möglicherweise zweifelhafte Untersuchungen unnötig hohe Kosten zu verursachen.

Tabelle 1. FIGO-Stadieneinteilung (1971) des Endometriumkarzinoms

Stadium	I	Tumor auf das Corpus uteri begrenzt
	IA	Uterussondenlänge < 8 cm
	IB	Uterussondenlänge > 8 cm
Stadium	II	Tumor greift auf die Cervix uteri über
Stadium	III	Tumorausbreitung über den Uterus hinaus innerhalb des kleinen Beckens
Stadium	IV	Tumor außerhalb des kleinen Beckens und/oder Tumorbefall der Blase und/oder des Rectums

Tabelle 2. FIGO-Stadieneinteilung (1988) des Endometriumkarzinoms

Stadium I	Tumor auf das Corpus uteri begrenzt
IA G1-3	Tumor auf das Endometrium beschränkt
IB G1-3	Invasion des Myometrium < 50 %
IC GI-3	Invasion des Myometrium > 50 %
Stadium II	Tumor greift auf die Cervix uteri über
IIA G1-3	Befall der endozervikalen Drüsen
IIB G1-3	Befall des zervikalen Stromas
Stadium III	Tumorbefall der Serosa, Adnexe oder Lymphknoten
IIIA G1-3	Serosabefall und/oder Adnexbefall und/oder positive peritoneale Zytologie
IIIB G1-3	Befall der pelvinen und/oder paraaortalen Lymphknoten
Stadium IV	Befall der benachbarten Organe oder Fernmetastasen
IVA G1-3	Infiltration von Blasen und/oder Darmmukosa
IVB G1-3	Fernmetastasen und/oder inguinaler Lymphknotenbefall

Klinische Relevanz haben im einzelnen:
– die histologische Klassifikation (Tabelle 3),
– der histologische Differenzierungsgrad (Tabelle 4),
– sowie Onkogene und die DNA-Zytometrie.

Tabelle 3. Histologische Klassifikation (Subtypen)

Subtypen	Häufigkeit	5-Jahres-Überlebensrate
Adenokarzinom		75 %
Grad I: glanduläres		93 %
Grad II: teils glanduläres, teils solides	60 %	76 %
Grad III: solides		61 %
Adenokankroid glanduläres, mit gutartigen Plattenepithelmetaplasien	21 %	87 %
Adenosquamöses Karzinom glandulär solides (mit atypischen Plattenepithel-metaplasien) mukoepidermoides (mit mono-zellulärer Verschleimung und Verhornung)	6,9%	47 %
Klarzelliges Karzinom glanduläres, papilläres, solides	5,7%	35 %
Papilläres Karzinom (über 50 % papilläre Strukturen) Grad I, II, III	4,7%	51%

Tabelle 4. Histologischer Differenzierungsgrad (Grading)

Subtypen	Häufigkeit	5-Jahres-Überlebensrate
Grad I (hoch differenziert)	65 %	91 %
Grad II (mittelgr. diff.)	20 %	73 %
Grad III (undifferenziert)	15 %	45 %

Zervikale Extension und Gebärmuttergröße besitzen keinen Einfluß auf die Rezidivhäufigkeit.

2.3 Rezeptoren

Im Gegensatz zu den Östrogenrezeptoren (ER) nehmen die Progesteron-bindenden Rezeptor- Proteine (PR) mit zunehmender Reife des Karzinoms zu. Die höchste Konzentrationen werden demnach bei hochdifferenzierten Tumoren (Grading 1) gefunden. Im Gegensatz zur prognostischen Wertigkeit der Steroidrezeptoren, die heute unbestritten ist, stehen der Epidermal-Growth-Faktor-Rezeptor (EGF-R), *Onkogene* wie CDF-1 und CSF-1 – Rezeptor, aber auch der mittels *Flow-Zytometrie* bestimmte DNA-Gehalt des Tumors als diagnostische Methoden, denen Bedeutung zur Beurteilung der biologischen Tumoraktivität zukommen soll, noch in Diskussion.

3. Vorsorge

Im Gegensatz zum Zervixkarzinom steht für das Endometriumkarzinom derzeit kein genügend empfindliches Untersuchungsverfahren zur Verfügung, das als Screening-Methode zur Früherkennung zum Einsatz kommen kann. Da außerdem sehr frühzeitig Symptome auftreten, wurde verschiedentlich vor allem in der USA die Frage gestellt "Why Screening at all?" Die meisten Endometriumkarzinome (mehr als 75 %) werden bereits im Stadium I diagnostiziert, wobei als häufigstes Symptom mit 80–90 % die pathologische Blutung, zumeist postmenopausal, zu verzeichnen ist. Die Wahrscheinlichkeit, daß eine postmenopausale Blutung durch ein Karzinom verursacht ist, beträgt zwischen 10 und 20 %. In diesem Sinn zeigt sich bei kritischer Beurteilung von Studien, daß Screeningmethoden bei asymptomatischen Frauen, bei denen außerdem auch keine Risikofaktoren faßbar sind, kaum Eingang in die Routine finden werden. Im übrigen zeigen auch epidemiologische Untersuchungen, daß ein Screening nach Korpuskarzinom keinen Einfluß auf die Mortalität hat. Trotzdem soll auf einige, in diesem Zusammenhang stehenden Methoden eingegangen werden.

3.1 Zytologie und Histologie

Zervixzytologie: Der routinemäßige, jährlich durchzuführende Krebsabstrich, bei dem auch Zellen aus dem Zervikalkanal gewonnen werden sollen, erbringt **nur bei 30–50 %** der Fälle mit Endometriumkarzinom ein positives Ergebnis, so daß diese Methode für ein Screening nicht empfindlich genug erscheint. Ergänzende Screeningverfahren, vor allem solche, die eine intrauterine Zellgewinnung zur zytologischen und histologischen Befundung erlauben, sind derzeit für ein generelles Screening noch nicht zu empfehlen. Es gibt derzeit mehrere Methoden zur Gewinnung von Material aus dem Uteruskavum, um eine zytologische, bzw. histologische Befundung zu ermöglichen. Alle diese Methoden sind allerdings besonders bei älteren Frauen, bei denen nicht selten eine Stenose des Zervikalkanals vorliegt, als durchaus invasiv zu betrachten, zusätzlich sind sie aufgrund einer hohen Rate an fehlender Beurteilbarkeit des gewonnenen Materials (bis zu 40 %), nicht für ein generelles Screening zu empfehlen.

3.2 Vaginosonographie

Die Vaginosonographie stellt eine Untersuchungsmethode dar, der möglicherweise in Zukunft eine bedeutende Rolle für die diagnostische Abklärung des Endometriumkarzinoms zukommt.

In erster Linie scheint die **Endometriumdicke** ein wichtiger Parameter zu sein, der auf proliferative Veränderungen hinweisen kann. Aber auch bezüglich der Infiltrationstiefe und des Befalls der Cervix uteri darf man sich in Zukunft von der Vaginosonographie zusätzliche Informationen, die auch für die präoperative Stadieneinteilung von Bedeutung wären, erhoffen.

4. Risikofaktoren

Neben der Trias **Diabetes** mellitus, **arterielle Hypertension** und **Adipositas,** sind Nulliparität, Anovulation und verschiedene endogene Hormonstörungen als Risikofaktoren anzuführen. Ein **Körpergewicht über der 90. Perzentile** erhöht z. B. das Endometriumkarzinomrisiko um das 5,5 fache.

Als weiterer Risikofaktor ist eine langzeitige Östrogenmonotherapie z. B. im Rahmen einer Substitution im Klimakterium anzuführen. Während die kombinierte Gabe von Östrogen und Gestagen zur Hormonsubstitutionstherapie eine signifikante Senkung des Endometriumkarzinomrisikos bedingt, hat eine alleinige Östrogensubstitution mit zunehmender Dauer der Einnahme und zunehmender Gesamtdosis des Östrogens ein erhöhtes Endometriumkarzinomrisiko (bis auf das 10fache) zur Folge und sollte schon aus diesem Grund nur ausnahmsweise durchgeführt werden. Bezüglich der hormonellen Kontrazeption mit der Pille sind die Daten kontrovers, zumindest für Kombinationspräparate ist jedoch anzunehmen, daß nach Langzeitgabe dieser Präparate die Karzinominzidenz deutlich reduziert ist (auf etwa die Hälfte).

4.1 Mehrfachkarzinome

Insbesondere Patientinnen mit **Mammakarzinom** haben ein erhöhtes Risiko auch an einem Endometriumkarzinom zu erkranken. Dieses Risiko erhöht sich zusätzlich, wenn die Patientinnen unter einer Tamoxiphentherapie (Antiöstrogentherapie) stehen.

4.2 Heriditäre Faktoren

Das Endometriumkarzinom ist assoziiert mit verschiedenen konstitutionellen Faktoren, wie z. B. Diabetes mellitus, Adipositas und arteriellem Hochdruck. In diesem Sinn ist an eine gewisse familiäre Disposition zu denken, die möglicherweise auch Einfluß auf die Art einer HRT, bzw. auch auf die Pillenverschreibung haben sollte.

5. Klinische Symptomatik

5.1 Blutungsstörungen

Pathologische Blutungen sind das häufigste Frühsymptom des Endometriumkarzinoms. Aus diesem Grund erfordern länger anhaltende Zwischenblutungen (>14d), verlängerte Regelblutungen, auffallend starke Regelblutungen und Blutungen nach der Menopause eine weitere Abklärung, zumeist mittels (fraktionierter) **Curettage** und Histologie; vor allem auch bei Fällen, bei denen sich hormonelle Therapiemaßnahmen als erfolglos erwiesen haben ist dieses Vorgehen **obligat**.

5.2 Muco-Pyometra

Die Muco-, bzw. Pyometra entsteht häufig als Folge eines Malignoms im Bereich von Cervix und Corpus uteri. In jedem Fall hat eine histologische Abklärung durch fraktionierter Curettage nach Entleeren des Uterus (Aufdehnung) und Abklingen der entzündlichen Erscheinungen (BSG) zu erfolgen.

5.3 Rasch wachsender Uterus

Insbesondere in der Postmenopause ist eine Größenzunahme des Uterus suspekt auf Entwicklung eines Endometriumkarzinomes, bzw. Uterussarkoms. Im Vergleich zu Blutungsstörungen ist eine Größenzunahme des Uterus aber eher selten als Frühsymptom eines Endometriumkarzinoms aufzufassen.

5.4 Klinische Symptomatik bei fortgeschrittenen Fällen von Korpuskarzinom

Das Korpuskarzinom kann, wenn bereits ein Stadium III oder IV vorliegt, zu Ergüssen in die Körperhöhlen (Ascites und/oder Pleura-Ergüssen mit Dyspnoe), zu Gewichtsabnahme und verschiedenen anderen klinischen Symptomen führen, wie wir sie auch vom Ovarialkarzinom kennen.

6. Diagnose

Die endgültige Diagnose Endometriumkarzinom darf erst nach Vorliegen eines histologischen Befundes gestellt werden. Alle anderen Verfahren, wie Klinik, Zytologie, Hysteroskopie, Vaginosonographie etc., können nur den Verdacht auf Vorliegen eines Endometriumkarzinoms ergeben.

Hysteroskopie

Die moderne Technologie auf dem Gebiet der Endoskopie hat die Entwicklung von Geräten ermöglicht, mit denen heute ambulant und ohne Narkose eine Hysteroskopie durchgeführt werden kann. Die Indikation zu dieser Untersuchung ist vor allem bei Fällen mit postmenopausaler Blutung und zur Überprüfung suspekter sonographischer Befunde, wie z. B. Hyperplasien des Endometriums gegeben, weiters in der praeoperativen Diagnostik zur Beurteilung eines ev. Zervixbefalles (Stadium II). Verschiedene Arbeitsgruppen weisen daraufhin, daß im **Stadium I oder II des Endometriumkarzinoms 40 % der Vollcurettagen durch Hysteroskopie und gezielte Strichcurettagen eingespart werden könnten. Die Spezifität dieser Untersuchung liegt bei 98,8 %.** Karzinome werden nur selten mit einer Endometriumhyperplasie oder mit Polypen verwechselt.

7. Prognosefaktoren

Endometriumkarzinome sind fast ausnahmslos Adenokarzinome. Sie zeichnen sich durch anfänglich langsames Wachstum aus, das zunächst exophytisch in das Cavum uteri und erst später infiltrativ vordringt. Die weitere Tumorausbreitung erfolgt dann vorwiegend lokoregionär mit Befall der Zervix, der Parametrien, der Adnexen, des Darms und der Harnblase. Progrediente lymphogene Metastasierung ist mit ansteigendem Tumorstadium gegeben. Bei tiefer Infiltration oder undifferenziertem Tumor ist mit bis zu 50 % Lymphknotenmetastasen zu rechnen. Die hämatogene Dissemination erfolgt in der Regel erst spät, Zielorgane sind Lunge, Leber, Nebennieren und Skelett.

Wichtige Prognosefaktoren sind:

FIGO-Stadien, histologischer Subtyp, histologischer Differenzierungsgrad, Hormonrezeptorgehalt (Onkogene und Ergebnisse der Flow-Zytometrie).

Lymph- und/oder Gefäßeinbruch

Tumorzelleinbrüche in Lymph- und/oder Blutgefäße kommen bei etwa 15 % aller Endometriumkarzinome vor. Histologisch nachgewiesene Gefäßeinbrüche verschlechtern die Prognose signifikant.

Lymphknotenbefall

Das Korpuskarzinom metastasiert im Gegensatz zum Zervixkarzinom sowohl auf dem Lymphweg oder hämatogen, als auch auf direktem Wege intracavitär in die Bauchhöhle. Die Metastasierung kann in den oberen Paraaortalbereich durch die Lymphbahnen entlang der Ovarialgefäße erfolgen, womit ein paraaortaler Lymphknotenbefall auch ohne pelvine Lymphknotenmetastasierung möglich ist. Im allgemeinen metastasiert das Endometriumkarzinom jedoch in erster Linie in die pelvinen (Tabelle 5) und erst dann in zweiter Linie in die paraaortalen Lymphknoten (Tabelle 6). Die Lymphknotenmetastasierung korreliert vor allem mit der Invasionstiefe und dem Tumorgrading.

Tabelle 5. Pelviner Lymphknotenbefall im Stadium I

Invasionstiefe	G1	G2	G3
Endometriumoberfläche	0 %	3 %	0 %
inneres 1/3	3 %	5 %	9 %
mittleres 1/3	0 %	9 %	4 %
äußeres 1/3	11 %	19 %	34 %

Tabelle 6. Paraaortaler Lymphknotenbefall im Stadium I

Invasionstiefe	G1	G2	G3
Endometriumoberfläche	0 %	3 %	0 %
inneres 1/3	1 %	4 %	4 %
mittleres 1/3	5 %	0 %	0 %
äußeres 1/3	6 %	14 %	23 %

Die Frage nach der Notwendigkeit einer paraaortalen Lymphonodektomie bei negativen, pelvinen Lymphknoten wird kontrovers beurteilt. Tatsache ist, daß bei negativen, pelvinen Lymphknoten lediglich in 2–3 % der Fälle positive paraaortale Lymphknoten gefunden werden, **bei positiven, pelvinen Lymphknoten jedoch in etwa 38 % auch positive, paraaortale Lymphknoten** nachzuweisen sind. Die FIGO-Stadieneinteilung von 1988 verlangt eine Untersuchung, sowohl der pelvinen, als auch der paraaortalen Lymphknoten, womit im Rahmen des operativen Staging sehr sorgfältig nach pelvinen und paraaortalen Lymphknotenmetastasen gesucht werden muß.

8. Therapie

8.1 Therapie von Vorstadien

8.1.1 Adenomatöse Endometriumhyperplasie ohne Atypien

In diesen Fällen ist je nach Alter und Kinderwunsch eine konservative Therapie, so z. B. eine Gestagentherapie, bzw. die Verabreichung von gestagenbetonten Ovulationshemmern, zu empfehlen. Die Indikation zur Hysterektomie wird sich bei Vorliegen zusätzlicher pathologischer Faktoren, bzw. auf Wunsch der Patientin, ergeben.

8.1.2 Adenomatöse Endometriumhyperplasie mit Atypien

Bei jüngeren Frauen bis zum 40. Lebensjahr kann auch bei diesen Fällen alternativ zur Operation eine Hormontherapie mit Gestagengabe, bzw. gestagenbetonen Ovulationshemmern erfolgen. Diese Behandlung ist mittels Curettage in Abständen von mindestens einem Jahr zu kontrollieren.

Bei älteren Frauen, oder bei Frauen mit abgeschlossenem Kinderwunsch besteht die Therapie der Wahl in einer Hysterektomie. Nicht übersehen werden sollte, daß eine adenomatöse Hyperplasie mit Atypien, je nach Alter, auch Hinweise auf andere pathologische Zustände, wie z. B. einen östrogenproduzierenden Ovarialtumor (z. B. Granulosa-Theka-Zell-Tumor) oder eine funktionelle Störung, wie z. B. eine Follikelpersistenz geben kann.

Bei rezidivierenden Blutungen, die durch benigne Veränderungen des Endometriums bedingt sind, hat sich als neueres therapeutisches Prinzip die transzervikale Ablation des Endometriums unter hysteroskopischer Sicht bewährt. Diese operativ-endoskopische Maßnahme, die bei Fällen mit therapieresistenten Blutungsstörungen zum Einsatz kommt, kann entweder mit Laser oder Hochfrequenzstrom vorgenommen werden.

8.2 Operative Therapiestrategien beim manifesten Korpuskarzinom

Der chirurgischen Therapie des Endometriumkarzinoms ist weiterhin der Vorrang zu geben, da die primäre operative Therapie der alleinigen Strahlentherapie überlegen ist.

Es sollte, wenn immer möglich, primär operativ vorgegangen werden. Ein Verzicht auf die Operation verschlechtert die Heilungsergebnisse bei vergleichbarem Stadium um etwa 10–25 %. Die Rezidivrate ist bei den primär bestrahlten Frauen in den ersten 2 Jahren mehr als doppelt so hoch, als bei den operierten Patientinnen.

Auf Grund der Ergebnisse von groß angelegten Studien kann festgestellt werden, daß die Wertheim'sche Radikaloperation im Stadium I und II gegenüber der einfachen Hysterektomie mit Entfernung der Adnexe keine Vorteile bringt.

8.2.1 Zur Frage Lymphadenektomie

Eine zentrale Frage für das operative Vorgehen richtet sich nach der Inzidenz von pelvinen und paraaortalen Lymphknotenmetastasen. Der Befall sowohl der pelvinen, als auch der paraaortalen Lymphknoten im Stadium I ist in erster Linie von der Invasionstiefe und dem histologischen Grading abhängig.

Bezogen auf die pelvinen Lymphknoten ist im Stadium I nur bei einer Infiltration des Tumors in das äußere Myometriumdrittel mit einem Lymphknotenbefall zu rechnen (Tabelle 5). Bei geringer Invasionstiefe beträgt die Rate positiver pelviner Lymphknoten unabhängig vom Differenzierungsgrad unter 10 %. Bezogen auf die paraaortalen Lymphknoten findet sich ein ähnliches Bild. Nur bei tiefer Invasion in das **äußere Drittel** des Myometriums findet sich je nach Grading in **6 bis 23 %** der Tumore ein positiver Lymphknotenbefall. In allen übrigen Fällen liegt die Rate positiver paraaortaler Lymphknoten unter 5 % (Tabelle 6). Daraus ergibt sich auch die Forderung die pelvine und paraaortale Lymphadenektomie, risikoadaptiert, bei jenen Patientinnen vorzunehmen, bei denen eine Invasionstiefe bis in das äußere Myometriumdrittel vorliegt. **Es ist daher für die Operationsstrategie zu fordern, daß intraoperativ, nach Absetzen des Uterus, durch Gefrierschnittdiagnostik die Invasionstiefe festgestellt wird.**

Bei Patientinnen im Stadium II–IV ist die Rate positiver pelviner und paraaortaler Lymphknoten deutlich höher. Deshalb hat bei diesen Patientinnen in jedem Fall die Lymphadenektomie integrierender Bestandteil der Operation zu sein.

Ein anderer Standpunkt, der im deutschsprachigen Raum vielfach vertreten wird, besagt, daß die pelvine und paraaortale Lymphadenektomie unabhängig vom Grad und der Invasionstiefe gemacht werden soll, so lange es der Zustand der Patientin zuläßt, um den individuellen Fall exakt definieren zu können. Dies gilt um so mehr, da die bisherigen Informationen zum Lymphknotenbefall auf meist unvollständige operative Prozedere

(Sampling) beruhen. Bei systematischer Lymphadenektomie wurde gefunden, daß die Metastasen in 37 % kleiner als 2 cm waren. Eine Patientin, deren Knoten mit Sicherheit negativ sind, bedarf keiner Nachbestrahlung. Wegen der bisher nur unvollständigen Informationen kann ein eventueller therapeutischer Effekt der Lymphadenektomie beim Endometriumkarzinom auch noch nicht abgeschätzt werden.

Besonders ist noch darauf hinzuweisen, daß sowohl ein isolierter paraaortaler, als auch ein isolierter pelviner Lymphknotenbefall möglich ist, so daß die pelvine Lymphadenektomie mit einer paraaortalen Lymphadenektomie zu koppeln ist.

8.2.2 Standardoperationen

Bewährt hat sich folgendes operatives Vorgehen:
Noch vor Beginn der Operation sollte in den Zervikalkanal ein **Alkoholtupfer** eingelegt werden. Manche Abteilungen führen auch einen Verschluß des Zervikalkanals durch. Damit soll eine vaginale Metastasierung verhindert werden.

Nach Eröffnung des Abdomens mittels medianer Unterbauchlaparotomie sollte eine **Peritoneallavage** zur Gewinnung zytologischen Materials durchgeführt werden. Die genaue Inspektion des Abdomens liefert erste Informationen über den Ausbreitungsgrad der Erkrankung. Finden sich keinerlei peritoneale Absiedelungen, so wird die abdominelle Hysterektomie unter **Mitnahme der Adnexen** durchgeführt. Die beiden Tuben werden entweder mittels Klemmen oder Naht verschlossen, um einen Übertritt von Karzinomgewebe in das Abdomen zu verhindern. Die Bedeutung der Vaginalmanschette wird derzeit noch kontroversiell diskutiert. Die bei sorgfältigem Verschluß des Cervixkanales geringe Rezidivrate am Scheidenblindsackende lassen es gerechtfertigt erscheinen, auf die **Vaginalmanschette zu verzichten.** Insbesondere bei Frauen mit aktivem Sexualleben läßt sich dadurch die Rate an Nebenwirkungen wesentlich reduzieren.
Nach Absetzen des Uterus und der Adnexen ist durch die **Gefrierschnittuntersuchung** die Invasionstiefe im Myometrium zu bestimmen. Sie gilt als das wesentlichste Entscheidungskriterium für die Durchführung einer pelvinen und paraaortalen Lymphadenektomie (siehe oben).
Bei Befall der Scheide ist die Lokalisation der Veränderungen von Bedeutung.
Betrifft der Tumor nur die oberen Drittel der Scheide, ist ein primär-operatives Vorgehen mit Kolpektomie gerechtfertigt. Ist auch das untere Scheidendrittel befallen, so ist einer Strahlentherapie der Vorzug zu geben.

8.3 Adjuvante Therapieformen

Beim Korpuskarzinom, das spezielle Risikofaktoren aufweist, kann im Rahmen der primären Bestrahlung, bzw. postoperativ sowohl eine Strahlen-, als auch eine Chemo-, bzw. Hormontherapie durchgeführt werden.

8.3.1 Strahlentherapie

Es sind verschiedene Formen der Strahlentherapie zu unterscheiden:
Primäre Bestrahlung,
adjuvante Therapie in Kombination mit der Operation,
palliative Bestrahlung,
intrakavitäre Bestrahlung.

8.3.1.1 Primäre Bestrahlung

Diese Form der Therapie wird lediglich für jene Patientinnen empfohlen, denen aus internistischen Gründen eine Vollnarkose, oder Epiduralanaesthesie nicht zugemutet werden kann. Es sind zu unterscheiden:

1. Kombinierte Strahlentherapie (intrakavitär und perkutan), und
2. Die alleinige Perkutanbestrahlung, bzw. Brachytherapie.

Im allgemeinen werden mittels „after loading"-Technik Gebärmutter und Scheide bestrahlt. Zusätzlich erfolgt eine perkutane Teletherapie der Beckenwände. Die Brachytherapie sollte in zumindest 3 Fraktionen aufgeteilt werden.

8.3.1.2 Strahlentherapie in Kombination mit der Operation

Diese kann einerseits präoperativ oder postoperativ, andererseits als alleinige Brachytherapie, bzw. Perkutanbestrahlung, oder auch kombiniert erfolgen. Hilfreich für die Indikation zur postoperativen Strahlentherapie scheint ein von Kucera angegebener histopathologischer Risikoscore zu sein (Tabelle 7).

Bei ein bis zwei Score-Punkten besteht nach Autorenmeinung kein Risiko für ein Karzinomrezidiv, eine postoperative Bestrahlung ist als Übertherapie anzusehen. Bei 3-4 Risikopunkten wird eine Brachytherapie im Bereich der Scheide zur Vermeidung von Vaginalrezidiven empfohlen. Bei 5 und mehr Punkten ist neben der Vaginalbestrahlung auch eine aggressive Irradiation des kleinen Beckens inzidiert.

8.3.1.3 Palliative Bestrahlung

Vor allem bei fortgeschrittenen, inoperablen Fällen mit anhaltender vaginaler Blutung, kann durch palliative Bestrahlung mittels „after loading"-Technik in den meisten Fällen ein Blutungsstop erzielt werden. Bei weit fortgeschrittener Erkrankung (Stadium IIIc und IV) wird zugunsten einer systemischen Behandlung eher auf eine Bestrahlung verzichtet. Allerdings ist vor allem auch beim Stadium IV des Korpuskarzinoms eine Individualisierung der Therapie notwendig. So ist selbst in diesem Stadium bei manchen Fällen noch die Gebärmutterentfernung angezeigt, nicht zuletzt um auf diese Weise uterine Blutungen zum Stillstand zu bringen. In seltenen Fällen ist auch eine Exenteration indiziert.

Tabelle 7. Histopathologischer Risiko-Score beim Endometriumkarzinom nach KUCETA (1991)

Histologie des Corpus uteri		
Typisches endometrioides Karzinom		
Adenoakanthom		Punkte
Grading	1	1
	2	2
	3	3
Sonderformen		
adenosquamös		
serös-papillär		
klarzellig		
undifferenziert		4
Infiltration		
minimal (1-2 mm)		1
< 1/1 Myometrium		
> 1/2 Myometrium		
Gefäßeinbrüche		4
Zervixbefall		
Stadium II/a		5
Stadium II/b		6
extrauterine Ausbreitung		
Stadium III/a		7
Stadium III/b		8
Stadium III/a		9
Stadium III/b		10
geringes Risiko	0–2	Punkte
mittleres Risiko	3–4	Punkte
höheres Risiko	5	und mehr Punkte

8.3.1.4 Intrakavitäre P-32 Bestrahlung

Als Sonderform der Strahlentherapie ist die Instillation von Radioisotopen in die Peritonealhöhle, bzw. Pleurahöhle anzuführen. Sie ist bei Vorliegen intraperitonealer Tumorherde, bzw. bei positiver Pleurazytologie angezeigt.

8.3.2 Hormontherapie

Gestagentherapie

Während beim Stadium I und II die Sinnhaftigkeit einer Hormontherapie kontrovers beurteilt wird und vor allem bei „low-risk"-Fällen eine Hormontherapie im Sinne einer Gestagen-Medikation obsolet ist, scheint bei fortgeschrittenen Karzinomstadien (III und IV), weiters bei inoperablen oder palliativ operierten Patientinnen und bei Rezidiven eine Hormontherapie durchaus sinnvoll. Der therapeutische Einsatz von Hormonen wird vor allem vom Rezeptorstatus abhängig sein, wobei darauf hinzuweisen ist, daß

Primärtumor und Metastasen unterschiedlichen Rezeptorstatus aufweisen können. Im Einzelnen kann bei positivem Rezeptorstatus eine Hormontherapie empfohlen werden, wobei auch bei fortgeschrittenen Stadien in bis zu 60 % der Fälle von Remissionen berichtet wird.

Bei negativem Rezeptorstatus wird eine Chemotherapie oder eine Kombination von Hormontherapie und Chemotherapie (Tabelle 8) der Vorzug zu geben sein. Immerhin lassen sich aber auch bei negativem Rezeptorstatus bei 19 % der Fälle durch alleinige Hormontherapie Remissionen erzielen.

Festzuhalten ist weiter, daß durch die Verabreichung des Antiöstrogens Tamoxiphen funktionelle Progesteronrezeptoren induziert werden können, also ein „upgrading" erfolgt.

Die Hormon-Medikation erfolgt zumeist durch Gabe von Medroxyprogesteronazetat (MPA), wobei die Dosisangaben in der Literatur weit auseinander gehen und zwischen einer Tagesdosis dieses Gestagen von 3 x 10 mg und über 1000 mg liegen.

Mögliche Nebenwirkungen einer Gestagentherapie sind neben kardiovaskulären und thromboembolischen Komplikationen
● Gewichtszunahme,
● Muskelkrämpfe,
● Verschlechterung eines präexistenten Diabetes mellitus,
● Verschlechterung einer Hypertonie, sowie Übelkeit und Erbrechen.

8.3.3 Chemotherapie

Vor allem in den fortgeschrittenen Stadien IIIc und IV erhofft man sich durch den Einsatz von Zytostatika eine Verbesserung der bislang schlechten Therapieergebnisse. Es fehlen jedoch bis heute entsprechend angelegte randomisierte Studien, die belegen würden, daß durch systemische, zytostatische Therapie tatsächlich ein therapeutischer Fortschritt zu erzielen ist.

Erste Resultate weisen darauf hin, daß bei fortgeschrittenen Korpuskarzinomen der Stadien III und IV die zytoreduktive Chirurgie (Debulking) mit Zurücklassung von möglichst kleiner Resttumorgrößen mit anschließender zytostatischer Kombinationsbehandlung (Tabelle 8) therapeutisch effektiv sein kann. Eine Analogie zum Ovarialkarzinom liegt nahe. In fortgeschrittenen Fällen hat sich bei negativem Rezeptorstatus auch eine Chemotherapie bewährt.

Tabelle 8. Kombinierte Chemo-Hormontherapie des Endometriumkarzinoms

Tag 1–25:	1000 mg Medroxyprogesteronacetat p. o. täglich
Tag 28:	30 mg/m^2 Farmorubicin i. v.
Tag 35:	30 mg/m^2 Farmorubicin i. v.
Tag 42:	30 mg/m^2 Farmorubicin i. v.
Tag 49:	30 mg/m^2 Farmorubicin i. v.
Tag 56:	30 mg/m^2 Farmorubicin i. v.
Tag 56 ist Tag 1 des nächsten Zyklus	

Tabelle 9. Polychemotherapie beim Endometriumkarzinom

Farmorubicin	50 mg/m^2 i. v.	alle 3 Wochen
Cisplatin	50 mg/m^2 i. v.	alle 3 Wochen

8.4 Rezidivdiagnostik und Rezidivtherapie

Nach Angaben des „annual report" der FIGO stirbt jede 3. der an einem Korpuskarzinom erkrankten Patientinnen innerhalb der ersten 5 Jahre. Das Risiko nimmt mit den bekannten Risikofaktoren zu. Bei der Hälfte aller Rezidive handelt es sich um Lokalrezidive, ein Viertel der Rezidive tritt aber fern vom Primärtumor auf, bei knapp einem weiteren Viertel werden gleichzeitig lokale und beckenferne Herde diagnostiziert. Das durchschnittliche rezidivfreie Intervall beträgt bei Lokalrezidiven etwa 14 Monate und bei Fernmetastasen 19 Monate. Die Rezidivtherapie muß ebenso individualisiert werden, wie die Primärtherapie.

In seltenen Fällen kann diese Therapie primär chirurgisch sein, in der Mehrzahl wird sie jedoch entweder radiotherapeutisch, oder medikamentös (chemotherapeutisch, bzw. hormonell) erfolgen müssen. Im besonderen bestimmt neben der Lokalisation des Rezidivs die primär durchgeführte Therapie das weitere Vorgehen.

Bei Patientinnen, die primär keine pelvine Bestrahlung erhalten hatten, kann eine externe Radiotherapie, kombiniert mit einer zusätzlichen Brachytherapie, in Betracht gezogen werden. Bei lokal begrenzten Rezidiven kann eine chirurgische Entfernung von metastatischem Gewebe in Kombination mit einer Radiotherapie durchgeführt werden. Zudem kann unter bestimmten Voraussetzungen auch eine Exenteration erwogen werden. Die meisten rezidivierten Fälle profitieren von der medikamentösen Therapie. Bei positiven Hormonrezeptoren werden vorzugsweise Gestagene, bzw. Antiöstrogene verabreicht, bei negativen Hormonrezeptoren empfiehlt sich die Durchführung einer Chemotherapie.

Zusammenfassend muß das **zentrale Anliegen jeder Rezidivtherapie die Erhaltung einer bestmöglichen Lebensqualität** sein. Echte Heilungen sind mit den derzeit bestehenden Möglichkeiten kaum zu erreichen. Daher steht die palliative Hormontherapie mit hochdosierten Gestagenen an erster Stelle. Eine systemische zytostatische Therapie ist im Rahmen von wissenschaftlichen Studien sinnvoll, wegen der beträchtlichen Nebenwirkungen ist sie jedoch derzeit noch nicht als Standardtherapie zu fordern. Die palliative Strahlentherapie scheint nur für jene Fälle geeignet, bei denen vaginale Blutungen mittels „after loading"-Therapie erfolgreich gestillt werden können.

Uterussarkom

1. Allgemeines

Etwa 2 % der Uterusmalignome entfallen auf das Uterussarkom. Im Gegensatz zum Korpuskarzinom ist eine Frühdiagnose des Sarcoma uteri, bedingt durch fehlende Symptome, zumeist dem Zufall überlassen. Schnelles Größenwachstum der Gebärmutter und, eher selten, Blutungsanomalien können klinische Symptome sein. Der Anteil an sarkomatöser Entartung eines Uterus myomatosus liegt bei etwa 0,1 %.

Aus primär biologischen und therapeutischen Überlegungen müssen Uterussarkome vom Endometriumkarzinom unterschieden werden.
Im besonderen ergeben sich folgende Differenzen:

1. Lymphknotenmetastasen sind beim Sarkom eher selten (unter 15%),
2. Rezidive sind relativ häufig (knapp 50 %),
3. Die meisten Rezidive treten außerhalb des kleinen Beckens
   (intra-, bzw. extraabdominal auf), häufig besteht zusätzlich
   eine hämatogene Metastasierung in die Lunge.

Die Prognose ist vor allem im Vergleich mit dem Endometriumkarzinom wesentlich schlechter, die 5-Jahres-Überlebensrate liegt zwischen 20 und 30 %.

Von prognostischer Bedeutung sind das Stadium der Erkrankung, der Differenzierungsgrad des Tumors und die Mitoserate. Nur Tumore im Frühstadium (Stadium I) haben eine gute Heilungschance, sie liegt bei diesen Fällen zwischen 85 und 90 %.

2. Klassifikation

Leiomyosarkome
a) in Leiomyomen
b) intramural, diffus
Die Mitosenrate (mehr als 5–10 HPF) und der Nachweis von Atypien dient der Abgrenzung zu den Leiomyomen. Die Entartungsfrequenz von Leiomyomen wird mit 0,2–0,3 % angegeben.

Gemischte mesodermale Sarkome
a) maligne Müller-Mischtumoren mit homologen und/oder heterologen
   Anteilen,
b) Adenosarkome

In der amerikanischen Literatur wird der Begriff Adenosarkom für alle
primär uterinen Neoplasien mit gutartigem Drüsenanteil, kombiniert mit
malignen stromalen Anteilen verwendet. Dieser Tumor ist weniger maligen
als die homologen, bzw. speziell die heterologen Müller-Misch-Tumoren.

Endometriale Stroma-Sarkome
a) niedrig-maligen
b) hoch-maligen

Über 50 % der Patientinnen sind prämenopausal, es können auch junge
Frauen betroffen sein.

Sonstige Sarkome
a) Maligne Gefäßgeschwülste
b) Lympho- und Retikulosarkome
c) nicht klassifizierbare Sarkome

3. Therapie

Analog dem Endometriumkarzinom sollte beim Sarkom des Uterus möglichst eine Operation durchgeführt werden. In der adjuvanten Therapie
kommen entweder die Radio- oder die Chemotherapie zum Einsatz; die
Hormontherapie hat untergeordnete Bedeutung. Bezüglich des Therapie-
konzeptes sollten aus praktischen Gründen zusätzlich zwei Ausgangssitua-
tionen unterschieden werden:

1. Die Diagnose ist präoperativ bekannt,
2. Die Diagnose wurde erst postoperativ, anläßlich einer histologischen
   Untersuchung gestellt

Wird die Diagnose Sarkom erst postoperativ gestellt, so ist entweder eine
nachfolgende Staging-Laparotomie mit Exstirpation der Adnexe, gegebenenfalls auch die Lymphadenektomie, oder eine Zusatztherapie (Strahlen-,
bzw. Chemotherapie) zu empfehlen. In **10 % der Fälle** sind die **Adnexen befallen.**

3.1 Operativer Eingriff

Analog dem Endometriumkarzinom mit sorgfältigem Staging, bzw. optima-
lem Debulking bei lokal nicht vollständig resezierbaren Tumoren.

3.2 Adjuvante Chemotherapie

Eventuell in Kombination mit einer Hormontherapie. Entsprechend der Histologie differenzierte adjuvante Therapie mit Chemotherapie und/oder Radiotherapie. Eine adjuvante systemische Therapie (Chemotherapie) (Tabelle 1) kann vor allem bei Fällen mit Stadium I und II aber auch bei fortgeschrittenen Fällen und bei Rezidiven durchgeführt werden und erscheint auf Grund des Ausbreitungsmusters der Uterussarkome angezeigt.

Tabelle 1. Polychemotherapieschema nach Hartlapp bei Uterussarkom

Holoxan	1500 mg/m^2 i. v. Tage 1-5
Farmorubicin	50 mg/m^2 i. v. Tage 1-3

Mit dem Fortschritt in der Chemotherapie scheint es zunehmend sinnvoll ein möglichst radikales Debulking durchzuführen, um die darauffolgende Chemotherapie effektiver zu gestalten.

Vereinzelt wurde auch über eine Tumorremission eines metastasierenden Endometrialstromasarkoms nach Behandlung mit GnRH-Analoga berichtet. Diese Resultate bedürfen jedoch weiterer Bestätigungen.

3.3 Strahlentherapie

Bei primär inoperablen Patientinnen hat die Strahlentherapie lediglich palliativen Charakter, bei operierten Frauen wird sie hingegen in kurativer Absicht eingesetzt. Der Wert einer postoperativen Strahlentherapie uteriner Sarkome bleibt jedoch umstritten. Es ist ein günstiger Einfluß auf das Auftreten von Lokalrezidiven, jedoch kein Einfluß auf Fernmetastasierung zu erwarten. Wird bei Patientinnen mit hohem Rezidivrisiko keine Chemotherapie verabreicht, sollte auf eine Radiotherapie allerdings nicht verzichtet werden.

Ovarialkarzinom

1. Epidemiologie

Das Ovarialkarzinom ist die vierthäufigste Todesursache durch ein Malignom und die häufigste Todesursache durch gynäkologische Karzinome. In Österreich erkranken jährlich ca. **15 von 100.000** Frauen neu an einem Ovarialkarzinom. Neuere Untersuchungen aus Großbritannien beweisen eine konstante Zunahme dieses Karzinoms in den letzten Jahrzehnten. In manchen Ländern stellt es bereits nach dem Mammakarzinom das zweithäufigste Karzinom des weiblichen Genitales dar.

Knapp 20% aller Ovarialtumore sind primär maligen oder entarten nach einiger Zeit. Mit 70 bis 90% sind die epithelialen Ovarialkarzinome die statistisch bedeutsamste Gruppe unter den Malignomen des Ovars. Der Altersgipfel liegt bei 60 Jahren.

Bei der Entstehung des Ovarialkarzinoms wird der „ständigen Ovulation" besondere Bedeutung zugemessen: Nach der Theorie von Cramer und Welch stellt die Bildung von Einschlußzysten duch Einstülpung des Oberflächenepithels im Ovarialstroma den ersten Schritt zur Malignomentwicklung dar. Der zweite Schritt ist die direkte oder indirekte Stimulierung des eingeschlossenen Epithels durch Gonadotropine und extra- oder intraglanduläre Östrogene, der zur Differenzierung, Proliferation und gelegentlich malignen Transformation führt; das auslösende Agens ist nach wie vor unbekannt.

Multiple Graviditäten, orale Kontrazeptiva, späte Menarche und frühe Menopause bieten daher einen gewissen Schutz vor der Entstehung des Ovarialkarzinoms. Vermehrt gefährdet sind durch familiäre Belastung vor allem Töchter und Schwestern von Frauen, die an Ovarialkarzinomen erkrankt waren.

Der Anstieg der Inzidenzrate von Ovarialkarzinomen bei im Ausland lebenden Japanerinnen und Chinesinnen, muß an umwelt- und ernährungsbedingte Risikofaktoren denken lassen. Verschiedene Untersuchungen weisen auf eine Korrelation zu höherem Fleisch- und Fettkonsum hin. Auch chemische Karzinogene, wie Spermizide, kosmetischer Talg, oder andere in die Vagina eingebrachten Chemikalien werden immer wieder als Risikofaktoren beschrieben. Weiters ergibt sich eine positive Korrelation zum Korpus- und Mammakarzinom. Auch Colon- und Rektumkarzinom scheinen häufiger mit Ovarialkarzinomen vergesellschaftet zu sein.

2. Pathologie

2.1 Histogenese

In der Frühentwicklung des Ovarialkarzinoms dürften die bereits erwähnten Einschlußzysten ebenso von Bedeutung sein wie kleine papilläre Exkreszenzen des peritonealen Überzuges des Ovars. Ein zweiter Modus für die Entwicklung des Ovarialkarzinoms wäre die Malignisierung primär gutartiger Kystome, in welchem das Epithel streckenweise malignisiert. Beide Möglichkeiten werden diskutiert. Es ist noch nicht wirklich entschieden, welcher Modus als einziger, oder als der häufigste in der Histogenese eine Rolle spielt. Das bedeutet aber, daß wir bis heute noch nicht wissen, wie das echte Frühstadium des Ovarialkarzinoms aussieht. Diese Tatsache macht es auch unmöglich, eine rationelle Strategie zur echten Früherfassung auszuarbeiten.

2.2 Die histologische Klassifikation

Sie stellt das älteste Einteilungskriterium des Ovarialkarzinoms dar. Mit 70 bis 90 % sind die epithelialen Ovarialkarzinome weitaus am häufigsten vertreten. Die Frequenz der einzelnen Subtypen ist in der Tabelle 1 angegeben. Die Prognose für muzinöse und endometrioide Tumore ist nach den meisten Autoren günstiger, als die der serösen Formen. Die Unterschiede in der Prognose sind in den frühen Stadien relativ stärker ausgeprägt, als bei den fortgeschrittenen Tumorstadien und verlieren gegenüber der postoperativ verbliebenen Tumormasse ganz an Stellenwert.

Tabelle 1

Seröses Adenokarzinom	40 %
Muzinöses Adenokarzinom	15 %
Endometrioides Adenokarzinom	5 %
Maligner Brennerzelltumor	1 %
Klarzell Adenokarzinom	5 %
Undifferenziertes Karzinom	34 %

2.3 Borderline-Tumoren

Eine Untereinheit der epithelialen Ovarialtumoren stellen die Karzinome niedrigen Malignitätsgrades (Borderline-Tumoren) dar. Sie unterscheiden sich von invasiven Karzinomen durch das Fehlen des destruktiv infiltrativen Wachstums. Etwa 15 % aller epithelialen Ovarialtumoren gehören der Kategorie der Borderline-Tumoren an, wobei auch hier alle Stadien der Erkrankung vertreten sein können. Die Langzeitprognose dieser Tumoren ist im allgemeinen sehr günstig. So kann auch noch im Stadium III mit einer Überlebenswahrscheinlichkeit von 75 % gerechnet werden.

Nach neueren Untersuchungen ist es möglich, z. B. auf dem **Wege der DNA-Zytometrie** zwischen diploiden, bzw. anaploiden oder polyploiden Tumoren zu unterscheiden. Den bisherigen Ergebnissen nach verhalten sich die diploiden Typen durchaus gutartig, während die anderen Typen sich verhalten wie ein Ovarialkarzinom. Damit **wäre der Begriff der Borderline-Tumore eigentlich hinfällig** geworden. Er wird aber im internationalen Rahmen noch weiterhin gebraucht.

2.4 Multizentrische Entstehung

Im Peritoneum findet man immer wieder ausgedehnt metastasierte maligne Tumoren mit dem histologischen Bild eines serösen Karzinoms mit Psamom-Körperchen, bei denen die Ovarien selbst nicht oder fast nicht in den Krankheitsprozeß einbezogen sind. Diese Tumoren sind morphologisch nicht von typischen Ovarialkarzinomen zu unterscheiden. Da das Peritonealmesothel sich morphologisch und histochemisch nicht vom Epithel der Ovarialoberfläche unterscheidet, kann die maligne Transformation offenbar nicht nur das Ovarialepithel, sondern auch das Mesothel der gesamten Bauchhöhle betreffen. Die in der Peritonealhöhle nachweisbaren Tumoren sind dann nicht Metastasen, sondern multiple Primärtumore.

2.5 Stadium

International hat sich die Stadieneinteilung der FIGO durchgesetzt, die im besonderen dem transperitonealen Weg der Tumorpropagation Rechnung trägt. Zwischen dem intraabdominellen Status, der bei der Operation erkennbar ist und in das Staging eingeht, und der Prognose des Tumorleidens besteht eine gute Korrelation. In der neuen FIGO-Fassung wird auch der metastatische Lymphknotenbefall des Retroperitoneums berücksichtigt (Tabelle 2). Der exakten operativen Stadienzuordnung (Staging) kommt eine besondere Bedeutung zu.

Diese Einteilung hat sich nicht bewährt, da mit einem positiven Knoten jeder Frühfall zum Stadium III c wird. Vorläufig ist es besser, von einem intraabdominellen Stadium zu sprechen und anzugeben, wie häufig im jeweiligen Stadium positive retroperitoneale Knoten zu finden sind.

Tabelle 2. Stadieneinteilung des Ovarialkarzinoms (FIGO- und UICC-Nomenklatur). Die Stadieneinteilung basiert auf Befunden bei der klinischen Untersuchung, bei der chirurgischen Exploration, bei der histologischen und zytologischen Untersuchung

---

Stadium I
Karzinom auf eines oder beide Ovarien beschränkt
Stadium Ia: Wachstum auf 1 Ovar begrenzt, kein Aszites, kein Tumor auf der äußeren Oberfläche, Kapsel intakt
Stadium Ib: Wachstum auf beide Ovarien begrenzt, kein Aszites, kein Tumor auf der Oberfläche, Kapsel intakt
Stadium Ic: Tumor wie bei Stadium Ia oder Ib, aber mit Tumor auf der Oberfläche eines oder beider Ovarien oder mit Kapselruptur oder mit malignen Zellen im Aszites oder mit positiver Peritoneallavage

Stadium II
Karzinom eines oder beider Ovarien mit Ausdehnung im kleinen Becken
Stadium IIa: Ausdehnung und/oder Metastasen im Uterus oder in den Tuben
Stadium IIb: Ausdehnung auf andere Gewebe im kleinen Becken
Stadium IIc: Tumor wie im Stadium IIa oder IIb, aber mit Tumor auf der Oberfläche eines oder beider Ovarien oder mit Kapselruptur oder mit Tumorzellen im Aszites oder positiver Pertoneallavage

Stadium III
Karzinom eines oder beider Ovarien mit Peritonealmetastasen außerhalb des kleinen Beckens und/oder positiven retroperitonealen oder inguinalen Lymphknoten, Leberkapselmetastasen
Stadium IIIa: Tumor makroskopisch auf das kleine Becken begrenzt mit negativen Lymphknoten, aber histologisch nachgewiesenen mikroskopischen Absiedelungen mit Peritoneum außerhalb des kleinen Beckens
Stadium IIIb: Karzinom betrifft eines oder beide Ovarien mit histologisch nachgewiesenen Absiedelungen im Bereich des Peritoneums außerhalb des kleinen Beckens, maximale Tumorgröße der Metastasen 2 cm, Lymphknoten negativ
Stadium IIIc: intraperitoneale Metastasen > 2 cm und/oder positive retroperitoneale oder inguinale Lymphknoten

Stadium IV
Karzinom eines oder beider Ovarien mit Fernmetastasen; besteht ein Pleuraerguß, müssen Tumorzellen nachgewiesen sein, um den Fall dem Stadium IV zuzuordnen; Leberparenchymmetastasen

---

2.6 Differenzierung

Der Differenzierungsgrad wird durch unterschiedliche Klassifikationssysteme erfaßt. Das älteste ist das von Broders, welches eine Einteilung anhand zytologischer Charakteristika in vier Stufen vornimmt. Sowohl Differenzierungsgrad, als auch andere Merkmale, z. B. die von Mitosen, gehen in die Bewertung für die Zuordnung eines Tumors zu einem bestimmten Tumorgrading ein. Bereits sehr früh konnte gezeigt werden, daß sich die durch das Grading entstehenden Subgruppen hinsichtlich ihrer Überlebensprognose signifikant voneinander unterscheiden. Dies gilt im besonderen Maße jedoch nur bei den serösen Ovarialkarzinomen.

2.7 Metastatische Ovarialkarzinome – Ovarialmetastasen

Sie kommen insbesondere vor bei Karzinomen des kleinen Beckens, Korpuskarzinomen, seltener Zervix- und Tubenkarzinomen, bei Karzinomen des Magen-Darmtraktes, Gallenblasen-, Gallenwegskarzinomen, Pankreas- und Mammakarzinom und Neoplasien des hämopoetischen Systems.

Die Metastasierung erfolgt entweder direkt auf dem Abklatschweg, vor allem bei Karzinomen des Magen-Darmtraktes, oder auf hämato- oder lymphogenem Weg. Meist sind beide Ovarien betroffen.
Die sogenannten Krukenberg-Tumoren sind zu 70% Metastasen eines Magenkarzinoms. Sie werden durch Siegelringzellen charakterisiert.

3. Ausbreitung

Wir unterscheiden eine intraabdominelle Ausbreitung, retroperitoneale Ausbreitung, Fernmetastasen.

Einzelne Ovarialkarzinome breiten sich zunächst im kleinen Becken aus, indem die Serosa der Nachbarorgane bzw. des Douglas befallen wird. Diese Veränderungen machen das Stadium II aus. Im Stadium III befällt das Karzinom das Peritoneum der Abdominalhöhle. Daneben kommt es zum Befall des großen und kleinen Netzes. Knötchenförmige Metastasen bis zu Tumoren beträchtlicher Größe kann man in allen Abschnitten des Bauchfelles finden. Besonders prädestiniert ist das Zwerchfell, das stets genau untersucht werden muß. Dünndarmschlingen werden ebensogut befallen, wie der peritoneale Überzug des Mesenteriums. Zu achten ist insbesondere auch auf die parakolischen Räume, auf die Gegend der Milz und auf das Leberbett, bzw. die Leberkapsel.

Die retroperitoneale Metastasierung betrifft die paraaortalen Lymphknoten etwas häufiger als die pelvinen (Tabelle 3). Im Stadium III ist im Becken mit einer Häufigkeit der Metastasierung von 70 % zu rechnen (Tabelle 4). Sämtliche Knotengruppen um die Gefäße können befallen sein. Bei fortgeschrittenen Fällen geht die Metastasierung über die Nierengefäße hinaus und betrifft das Mediastinum. Im Stadium III und IV sind in rund 20 % positive supraklavikuläre Knoten zu finden.

Fernmetastasen finden sich hauptsächlich in der Leber und den Lungen, können aber auch in Knochen, Hirn, usw. vorkommen. Sie bedeuten stets ein Stadium IV.

Tabelle 3. Pelvine und paraaortale Lymphknotenbeteiligung in Abhängigkeit vom intraabdominellen Stadium bei 146 Patientinnen mit pelviner und paraaortaler Lymphadenektomie. Graz 1985 – Febr. 1992

Stad.	N	+pelvin +paraortal	+pelvin –paraortal	–pelvi +paraortal	–pelvin –paraortal
I	26	1	2	1	25
II	14	3	1	1	9
III	92	46	9	17	20
IV	11	8	1	0	2
Summe	146	58 (40 %)	13 (9 %)	19 (13 %)	56 (38 %)

Tabelle 4. Lymphknotenstatus beim Ovarialkarzinom (1980 – Feb. 1992)

Stadium	N	Positive LN.	%	
IA	19	4	21}	
IB	4	1	25}	20
IC	26	5	19}	
IIA	4	1	25}	
IIB	12	3	25}	27
IIC	6	2	33}	
IIIA	13	5	38}	
IIIB	13	6	46}	75
IIIC	132	105	80}	
IV	16	12	75	
Summe	245	144	59	

4. Vorsorge

Auch heute noch ist die wichtigste Maßnahme zur Früherkennung des Ovarialkarzinoms die sorgfältige gynäkologische Untersuchung, verbunden mit einer exakten Anamnese. Besonders bei Frauen in der Menopause mit unklaren abdominellen Beschwerden muß der Verdacht auf Ovarialkarzinom so lange aufrecht erhalten werden, bis durch sorgfältige Untersuchung das Gegenteil bewiesen ist. Jeder palpable Adnextumor ist genauestens abzuklären. Auch jegliche Knotenbildungen im Douglas und an der Ansatzstelle des Ligamentum sacrouterinum ist verdächtig. Bei Verdacht auf Skybala muß die Untersuchung nach gründlicher Entfernung kurzfristig wiederholt werden. Die früher häufig propagierten zytologischen Screeningmethoden durch Douglaslavage haben sich nicht bewährt und haben die Rate der Frühdiagnosen nicht erhöht. Hingegen kommt dem Ultraschall-Screening Bedeutung zu. Erste großangelegte prospektive Studien in England und Skandinavien werden derzeit diskutiert. Die Treffsicherheit für die primäre Ultraschalldiagnostik beim Ovarialkarzinom schwankt zwischen 44 und 91 % und hängt sehr stark von der Erfahrung des jeweiligen Untersuchers ab. Die Vaginosonographie ist jedenfalls zur Beurteilung der Ovarien der abdominellen Sonographie eindeutig überlegen.

Ein besonderer Rang kommt heute der Farb-Dopplersonographie zu. Diese ermöglicht es, aufgrund von Durchflußgeschwindigkeiten des Blutes gutartige von bösartigen Ovarialtumoren zu unterscheiden und zwar bereits in relativ frühen Stadien des Tumorwachstums.

Der Einsatz des Tumormarkers CA-125 in Kombination mit dem Ultraschall eignet sich, wenn überhaupt, als Screeningmethode nur bei postmenopausalen Patientinnen. Auch hier liegen bis dato unterschiedliche Ergebnisse vor. Vorläufig lautet die Empfehlung, nur bei Risikopatientinnen, sowie unklarer Symptomatik und unklarem Palpationsbefund, Vaginosonographie und Tumormarker einzusetzen. Da das Volumen gesunder Ovarien zwischen 1,5 und 10,5 ccm schwankt, ergibt sich die Schwierigkeit, sonographisch ein routinemäßiges Screening durchzuführen, besonders wenn man berücksichtigt, daß viele Ovarialkarzinome nur von einer geringen oder fehlenden Vergrößerung der Ovarien begleitet sind. Es ist jedoch andererseits möglich, sonographisch relativ kleine Ovarialtumoren zu erkennen, die sich der Tastuntersuchung entziehen. Daher ist bei Patientinnen mit adipösen, straffen oder verspannten Bauchdecken die Indikation zur vorsorglichen Ultraschalluntersuchung sehr großzügig zu stellen. Alle unklaren Befunde sind letztendlich durch Laparoskopie oder Laparotomie zu klären.

5. Klinische Symptomatik

Echte Frühsymptome gibt es nicht. Häufig führen Zyklusanomalien jüngerer Frauen und postmenopausale Blutungsstörungen älterer Frauen zur Diagnose Ovarialkarzinom. Manchmal können auch Miktionsprobleme das erste Symptom eines Ovarialtumors darstellen. Bei Patientinnen mit fortgeschrittenen Tumorstadien sind abdominelle Schmerzen, sowie Zunahme des Bauchumfangs die häufigsten subjektiven Symptome. Typisch sind auch gastrointestinale Beschwerden mit Wechsel zwischen Diarrhoe und Obstipation, Gewichtsverlust, Appetitlosigkeit und Müdigkeit, sowie die Beschleunigung der Blutsenkung. Die allermeisten Symptome sind jedoch bereits Zeichen der fortgeschrittenen Erkrankung.

6. Diagnose

Für die Abklärung eines Ovarialtumors ist ein sorgfältiges präopertives Vorgehen angezeigt. Bei unklarem Befund kommt besonders bei der jungen Frau der laparoskopischen Abklärung eine besondere Bedeutung zu. Besonders hingewiesen werden soll auf die präoperative Abnahme des Tumormarkers CA-125, oder einer Tumormarkerkombination, um später das postoperative Ansprechen auf die Therapie überprüfen zu können. IVP, Irrigoskopie und Zystoskopie sind wichtige Zusatzuntersuchungen, um eine grenzüberschreitende Ausdehnung des Ovarialkarzinoms feststellen zu können; Chirurgen und Urologen sind in das geplante operative Management einzubinden. Auch die interne Durchuntersuchung zur Abschätzung des operativen Risikos bei den häufig älteren Frauen ist von großer Bedeutung. Eine ergänzende Computertomographie und/oder Sonographie kann eventuell Aufschluß über retroperitoneale Lymphknotenmetastasen geben.

7. Therapie

7.1 Operation

7.1.1 Operation im Frühstadium

Sie ist der wichtigste Schritt im Therapiekonzept beim Ovarialkarzinom. Ihr kommt die therapeutische Bedeutung der Tumorentfernung, wie auch eine entscheidende Rolle für die Feststellung der prognostischen Faktoren, sowie der postoperativ notwendigen Therapieschritte zu (Staging). Da bis zu 30 % der vermeintlichen Stadien I (Tumor auf Ovarien beschränkt), in Wirklichkeit subklinische Stadien II und III darstellen, ist das **Staging von außerordentlicher Bedeutung**. Es gilt daher die Forderung, bei jedem Ovarialtumor eine intraoperative Gefrierschnittuntersuchung anzuordnen, damit bei positivem Befund eine sorgfältige Exploration des Abdomens durchgeführt werden kann. Selbstverständlich ist die totale Entfernung des Tumors eine Vorbedingung. Danach erfolgt die Hysterektomie und die Exstirpation der Adnexe der kontralateralen Seite. Der Aszites soll mengenmäßig bestimmt und der zytologischen Beurteilung zugeführt werden. Ist kein Aszites vorhanden, so wird eine Peritonealspülung, getrennt nach Ober- und Unterbauch, empfohlen, um auf diese Weise abgeschilferte maligne Zellen zu entdecken. Die Gefahr bei dieser Untersuchung ist allerdings die relativ große Zahl falsch positiver Befunde. Daran schließt sich die Inspektion des gesamten Bauchraumes an, die in der Regel eine Erweiterung der medianen Unterbauchlaparotomie unter Umschneidung des Nabels nach kranial notwendig macht. Aus dem Peritoneum sollen alle suspekte Areale, Adhäsionen und auch kleinste Knötchen entfernt und histologisch untersucht werden. Der Wert blinder Biopsien des Peritoneums (z. B. aus dem Douglas, Blasenperitoneum, Beckenwand, usw.) ist noch fraglich.

Komplettiert wird die exakte Stagingoperation durch eine komplette Omentektomie, welche über das Colon transversum hinweg bis zur Kurvatur des Magens erfolgen soll. **Eine beidseitige pelvine und paraaortale Lymphadenektomie empfiehlt sich ab dem Stadium Ib.** Schon in diesen Stadien ist der Befall der Lymphknoten so häufig anzutreffen wie bei anderen Genitalkarzinomen, bei denen die Lymphadenektomie auch außer Frage steht (Tabelle 4).

Wird die Gefrierschnittuntersuchung unterlassen, so ergeben sich immer wieder Situationen, wo sich nachträglich der vermeintlich gutartige Ovarialtumor als Ovarialkarzinom herausstellt. In diesen Fällen ist das Staging durch die Relaparotomie entweder innerhalb von 14 Tagen nach der Erstoperation, oder dann erst wieder nach 6 Wochen nachzuholen.

In Sonderfällen ist eine fertilitätserhaltende Operation erlaubt. Es wird sich dabei im Idealfall um junge Frauen mit Kinderwunsch, einseitigem Ovarialtumor des Stadiums I a ohne Adhäsionen und Kapselruptur, bzw. um sogenannte Borderline-Tumoren oder Dysgerminome handeln. Eine negative Stagingoperation und eine Beurteilung des kontralateralen Ovars ist selbstverständlich Vorbedingung für eingeschränkte Radikalität.

Nach Erfüllung des Kinderwunsches kann aus Gründen einer möglichen Bilateralität des Tumors und des derzeit noch fehlenden Wissens über die Langzeitprognose eine nachträgliche Entfernung des verbliebenen inneren Genitales angezeigt sein.

7.1.2 Operation im Spätstadium

Bei Ovarialkarzinomen des Stadiums II, III und IV ist neben der Hysterektomie samt den Adnexen, sowie der Omentektomie, die möglichst radikale Entfernung aller Tumormassen von entscheidender Bedeutung. Bei ausgedehnten Tumoren im kleinen Becken gelingt es dem Geübten von seitlich kommend retroperitoneal nach Ureteranschlingung den gesamten Tumor gemeinsam mit dem Douglasperitoneum zu resezieren. Auch die Ligamenta infuld. pelv. sollen präpariert und möglichst hoch reseziert werden. Da sich die Prognose des Ovarialtumors linear mit der Menge des zurückgelassenen Tumors verschlechtert, sollte auf jeden Fall versucht werden, so zu operieren, daß kein Resttumor verbleibt, bzw. der kleinste zurückbleibende Tumor nicht größer als 1–2 cm im Durchmesser mißt. Oft muß dabei mit Chirurgen (Darmresektion) und Urologen (Ureterneueinpflanzung, Blasenteilresektion) zusammengearbeitet werden. Erfahrungsgemäß ist es viel öfter möglich, bei einem fortgeschrittenen Tumor das Abdomen weitgehend tumorfrei zu bekommen, als dies auf den ersten Blick angenommen wird. Es kann damit gerechnet werden, daß es einem geübten Operateur gelingt, im Stadium III das Abdomen in rund 30% makroskopisch tumorfrei zu operieren.

Das intraabdominelle Debulking muß durch eine ausgedehnte pelvine und paraaortale Lymphadenektomie – soferne es der interne Zustand der Patientin erlaubt – komplettiert werden. Hier geht es auf keinen Fall um ein sogenanntes Sampling, d. h. um die Suche nach vergrößerten und verdächtigen Knoten, sondern um die systematische Ausräumung der Lymphknoten vor, hinter und zwischen den Gefäßen. Wird bedacht, daß im Stadium III mit etwa 60–70 % positiver Knoten in allen Abschnitten zu rechnen ist (Tabelle 4), so ist die Lymphadenektomie als ein logischer Teil des Tumor-Debulkings anzusehen und sollte nach den bisherigen Erfahrungen zur Verbesserung der Heilungsergebnisse beitragen (Abb. 1). Dazu kommt, daß aufgrund der Erfahrung mehrerer Kliniken die postoperative Chemotherapie möglicherweise einen geringeren Einfluß auf die Lymphknotenmetastasen hat.

7.1.3 Second-look-Operationen

Es gibt drei Gründe für einen Zweiteingriff beim Ovarialkarzinom:

1. Die exakte Staging- oder Debulking-Operation nach insuffizientem Ersteingriff.
2. Die sogenannte klassische Second-look-Operation zur direkten Beurteilung des therapeutischen Effektes einer vorangegangenen Chemotherapie, bzw. die Objektivierung einer klinisch kompletten Remission.
3. Die Tumorreduktion in Fällen, in denen dies anläßlich der ersten Laparotomie nicht möglich war (sekundäres Debulking).

Die operative Vorgangsweise besteht aus einer Re-Laparotomie mit Schnittführung in der Medianlinie und Erweiterung über den Nabel hinaus. Prinzipiell werden die gleichen Schritte wie bei der Erstoperation gesetzt. Auf Aszites ist zu achten, liegt keiner vor, wird gegebenenfalls eine fraktionierte Peritoneallavage durchgeführt. Es erfolgt sodann das gleiche Vorgehen, wie es bei der Stagingoperation bereits geschildert wurde. Besonderes Augenmerk ist auf die rechte Zwerchfellunterseite, die Mesenterien, das Retroperitoneum, sowie Douglas- und Blasenperitoneum zu richten und darüberhinaus auf alle jene Stellen, bei denen anläßlich der Erstoperation Tumorgewebe festgestellt worden ist. Multiple Probeexzisionen sind zu entnehmen. Eventuell verbliebene Tumore sind, sofern technisch möglich, zu entfernen. Wurde bei der ersten Operation keine Lymphadenektomie gemacht, so ist diese beim Second-look nachzuholen. Es hat sich gezeigt, daß nach kompletter Chemotherapie die gleiche Frequenz positiver Knoten gefunden wird, wie bei der primären Lymphadenektomie. Völlig abzulehnen ist die Second-look-Operation mittels Laparoskopie. Sie kann gegebenenfalls wohl feststellen, daß frühzeitig der Einsatz einer Second-line-Therapie indiziert ist.

Die klassische Second-look-Operation ist dann indiziert, wenn daraus Informationen gezogen werden, die für die Prognoseerstellung und weitere Therapieplanung Voraussetzung sind. Der Second-look stellt keinen Routineeingriff dar, jedoch ist er die zur Zeit verläßlichste Methode die

Ausdehnung des Tumorbefalls nach vorausgegangener Therapie zu erfassen. Für die Beurteilung der Therapieergebnisse in prospektiv randomisierten Studien wird er daher weiterhin unerläßlich bleiben. Der optimale Zeitpunkt für die Durchführung des Second-look liegt bei diagnostischer Intention zwischen 6 und 10 Monaten und bei der sekundären Tumorreduktion zwischen 2 und 6 Monaten nach der Erstoperation.

An der Grazer Klinik wird die Second-look Operation seit Jahren nicht mehr ausgeführt. Mit einer Kombination von Tumormarkern, d. h. der gleichzeitigen Bestimmung von CA-125 und anderer Marker, wie Ferritin, TPA und CEA, sowie der statistischen Auswertung der Resultate mittels der Diskriminanzanalyse können Resultate von so hoher Sicherheit erreicht werden (Tabellen 5 und 6), daß sich ein operativer Eingriff erübrigt. Erfahrungsgemäß werden mit einem solchen Einsatz der Tumormarker Rezidive festgestellt, die erst 6 Monate später mittels klinischer Methoden nachweisbar sind. Das ermöglicht den frühzeitigen Einsatz einer Second-line Therapie.

Tabelle 5. Korrelation zwischen den Kennwerten einer Tumormarkerkombination und dem klinischen Verlauf der Erkrankung.
Aus: Lahousen M.: Tumor marker combinations in monitoring patients with ovarian cancer. In: Burghardt E., Webb M., Monaghan J. and Kindermann G.: Surgical Gynecology Oncology. Thieme, Stuttgart 1993

Tumormarker	Korrelation (%)	Fehler
Ferritin + CEA + TPA	84,7	20,16
CEA + CA 125 + TPA	92,9	6,16
Ferritin + CEA + CA 125	93,9	6,15
Ferritin + CA 125 + TPA	94,9	6,74
Ferritin + CEA + CA 125 + TPA	95,9	5,77

Tabelle 6. Korrelation zwischen den Kennwerten einer Tumormarkerkombination und dem klinischen Verlauf der Erkrankung.
Aus: Lahousen M.: Tumor marker combinations in monitoring patients with ovarian cancer. In: Burghardt E., Webb M., Monaghan J. and Kindermann G.: Surgical Gynecology Oncology. Thieme, Stuttgart 1993

Faktor	2	3	4	5	6	7	8	9	10
1 Alter	0.91	0.12	0.92	< 0.001	0.06	0.08	0.37	0.02	0.004
2 Aszites		0.13	0.28	0.003	0.005	< 0.001	< 0.001	0.06	0.001
3 Grade			< 0.001	0.001	< 0.001	< 0.001	< 0.001	0.25	< 0.001
4 Histologischer Typ				0.64	0.01	< 0.001	< 0.001	0.09	< 0.001
5 Karnofsky Index					n.a.	< 0.001	< 0.001	0.35	< 0.001
6 Lymphknotenstatus						< 0.001	< 0.001	0.02	< 0.001
7 Größe der Metastasen							< 0.001	0.24	< 0.001
8 Peritoneale Metastasen								0.52	< 0.001
9 Größe des Primärtumors									0.04
10 Stadium									

7.2 Chemotherapie

Bei der Behandlung des Ovarialkarzinoms hat heute die Chemotherapie einen besonderen Stellenwert. Nur noch bei den Frühstadien wird der Wert der Strahlentherapie diskutiert.

7.2.1 Frühstadien

Eine Therapie der Wahl der Frühstadien des Ovarialkarzinoms läßt sich heute noch nicht eindeutig angeben. Es besteht Einigkeit darüber, daß die sogenannten Borderline-Tumoren nicht nachbehandelt werden müssen, außer man stellt durch Spezialuntersuchungen fest (siehe oben), daß es sich doch um eine maligne Variante handelt. Das gleiche gilt auch für das Stadium Ia und Ib mit hochdifferenzierten Tumoren, soferne eine exakte Stagingoperation gemacht worden ist und keinerlei Tumoradhäsionen, bzw. Tumorrupturen zu beobachten waren. Diese Frauen haben auch ohne jede weitere Nachbehandlung eine 90 bis 95 %ige 5-Jahres-Überlebenswahrscheinlichkeit. Alle übrigen Patientinnen der Frühstadien bedürfen einer Therapie, mit der maximal in 80 % ein Überleben nach 5 Jahren und maximal in 65 % nach 10 Jahren zu erreichen ist. Die Ergebnisse der wenigen randomisierten Untersuchungen zeigen, daß verschiedenste Therapiemodalitäten prinzipiell effektiv sind, ohne jedoch einer bestimmten Therapie einen eindeutigen Vorzug zu geben. Es ist nicht geklärt, ob Strahlentherapie, Instillation von Phosphor 32, Monochemotherapie, Polychemotherapie ohne Cisplatin das günstigste Verfahren darstellt. Vermehrt vertreten wird die Meinung, gerade bei den Fällen mit günstiger Prognose die derzeit wirkungsvollste Therapie-Kombination aus Cisplatin und Endoxan einzusetzen.

7.2.2 Fortgeschrittenes Stadium

Während sich das Schicksal von Patientinnen mit frühem Stadium des Ovarialkarzinoms durch bessere Diagnostik, ausgedehnte Operation und adjuvante Therapiemaßnahmen im letzten Jahrzehnt sehr verbessert hat, ist die Gesamt-5-Jahres-Überlebensrate für die Patientinnen höherer Stadien trotz aggressiver Chemotherapie nur wenig angestiegen. Für die postoperative Erstbehandlung des fortgeschrittenen Ovarialkarzinoms ist eine cisplatinhältige Kombinations-Chemotherapie erste Wahl. Als weitere Substanz wird ein Alkylans, wie z. B. Cyclophosphamid eingesetzt. Eine zusätzliche Kombination mit anderen Chemotherapeutika hat keine Verbesserung der Therapieergebnisse gebracht.

Die Kombination aus Cisplatin 75–100 mg/m², oder Carboplatin 300 mg/ml + Cyclophosphamid 750–1000 mg/m² alle vier Wochen kann derzeit als Standardtherapie angesehen werden. Sie soll auch als Kontrollarm für prospektiv randomisierte Studien herangezogen werden. Das gefürchtete Cisplatin-Erbrechen kann durch moderne Antiemetika, wie z. B. Zofran deutlich reduziert werden. Inwieweit das nebenwirkungsärmere Cisplatin-Nachfolgepräparat Carboplatin das Cisplatin in

Zukunft völlig ersetzen kann, ist derzeit noch nicht klar, da beim Carbo-platin andere Toxizitäten (wie z. B. Hämatotoxizität) verstärkt auftreten können.

Remissionen und Progredienz werden im allgemeinen nach etwa drei Monaten erkennbar und sollen möglichst frühzeitig erfaßt werden, um das weitere therapeutische Vorgehen bestimmen zu können. Bei Remission wird die primäre Zytostatika-Kombination fortgesetzt, bei Progression muß auf ein Second-line- und/oder Third-line-Chemotherapieschema umge-stellt werden. Der Einsatz dieser Schemata muß als Palliativ-Maßnahme im Einzelfall unter Beachtung der Lebensqualität entschieden werden. Im all-gemeinen ist bei fortgeschrittenen Stadien **eine Heilung nur dann zu er-warten, wenn es gelingt, nach möglichst radikaler Operation durch sechs intensive cisplatinhältige Polychemotherapiezyklen eine völlige und anhal-tende Tumorfreiheit zu erzielen.**
Nicht geklärt ist derzeit die Frage der Konsolidierungstherapie nach erziel-ter kompletter Remission. Die Notwendigkeit der fortdauernden Behand-lungen erscheint bei bestimmten Patientinnen mit hohem Risiko indiziert. Bisher ist keine Therapieform eindeutig festgelegt.

Patientinnen mit „minimal residual desease" (nur mikroskopisch nach-gewiesene Tumorreste bei der Second-look-Operation) können unter Um-ständen von einer intraperitonealen Chemotherapie profitieren.

An der I. Univ.-Frauenklinik Wien wird bei diesen Fällen derzeit die Kombination aus Interferon, Cytarabinosid und Cisplatin geprüft. Bis zum Vorliegen gesicherter Daten sollte jedoch die intraperitoneale Che-motherapie an speziellen Zentren und Studienprotokollen vorbehalten bleiben.

Hoffnung für die Zukunft stellt TAXOL dar, das aus der Rinde einer südamerikanischen Eibe (Taxus brevifoliae) gewonnen wird; in ersten Stu-dien konnten auch bei cisplatinresistenten Fällen günstige Ansprechraten erzielt werden. Derzeit wird geprüft, inwieweit sein Einsatz als first line Che-motherapie mit oder ohne Kombination mit anderen Chemotherapeutika erfolgreich ist. Da das Präparat äußerst schwierig zu gewinnen bzw. herzu-stellen ist, ist sein Einsatz derzeit nur in klinischen Studien möglich. Diese haben auch schon in Österreich begonnen.

Betont werden muß, daß die Chemotherapie eine besondere Erfah-rung des medizinischen Personals, sowie die Möglichkeit zur Zusammenar-beit mit internistischen Onkologen voraussetzt.

7.3 Strahlentherapie

Obwohl die Strahlentherapie Jahrzehnte hindurch in der Behandlung des Ovarialkarzinoms eingesetzt wurde, sind prospektiv randomisierte Studien über den Wert dieser Therapieform rar. Frühe Studien sind aufgrund man-gelhafter Stagingoperationen, sowie insuffizienter Strahlendosen schwer interpretierbar. Es ist heute unbestritten, daß beim Ovarialkarzinom bei Planung der Strahlentherapie der gesamte Periteonalraum einbezogen werden muß. Eine Bestrahlung lediglich des kleinen Beckens muß somit als insuffizient bezeichnet werden. Die Strahlendosen die dabei benötigt werden, entsprechen jenen anderer epithelialer Tumore. Sind für lediglich **mikroskopische Metastasen Strahlendosen um 25 Gy ausreichend, müssen für Resttumore bis 1 cm 45–50 Gy** verabreicht werden. **Für Tumore größer als 2 cm im Durchmesser werden über 50 Gy** als notwendig angesehen, eine Dosis ab der schon mit schweren Nebenwirkungen gerechnet werden muß.

Aus obigen Gründen ist die Strahlentherapie bei Patientinnen mit großen Resttumoren nicht zielführend. Die Chemotherapie ist in allen Fällen mit fortgeschrittenen Stadien postoperativ die Methode der Wahl. Auch in jenen Fällen mit günstigeren Stadien wurde bei der postoperativen Behandlung die Strahlentherapie durch die Chemotherapie verdrängt, wenn auch die Bedeutung der Strahlentherapie in diesen Fällen noch nicht endgültig geklärt ist.

7.4 Hormontherapie

Obwohl im Gewebe vom Ovarialkarzinom, ähnlich wie beim Mammakarzinom, Östrogen- und Gestagenrezeptoren gefunden werden, ist der genaue Stellenwert der Hormontherapie im Rahmen der Behandlung von Patientinnen mit Ovarialkarzinom bis heute unklar. Trotz Berichten über gute Erfolge mit hochdosiertem Medroxyprogesteronazetat im Einzelfall, konnte dessen Anwendung in randomisierten Vergleichsstudien keinen therapeutischen Vorteil zeigen.

Auch für das Antiöstrogen Tamoxifen ergibt sich beim Ovarialkarzinom kein Hinweis auf eine Wirksamkeit. Hingegen konnten von einigen Arbeitsgruppen nach dem Einsatz von GnRH-Analoga zur Behandlung ausgedehnter rezidivierender Ovarialkarzinome bis zu 30% Teilremission beobachtet werden. Es liegen aber derzeit noch keine Ergebnisse von randomisierten Studien vor. Die gute Verträglichkeit dieser Therapie läßt jedoch ihren Einsatz bei chemotherapeutisch ausbehandelten Patientinnen als empfehlenswert erscheinen.

7.5 Immuntherapie

Die in die unspezifisch systemische Immuntherapie gesetzten Hoffnungen blieben unerfüllt. Weder BCG noch Levamisol noch Corynebakterium parvum konnte in prospektiv randomisierten Studien einen therapeutischen Vorteil, bzw. eine Verlängerung des Überlebens bewirken. Durch neue Applikationsformen hat jedoch auch die Immuntherapie einen Stimulus erfahren: Der Einsatz von Interferon, Tumornekrosefaktor (TNF), Interleukin-2 und anderen natürlichen Biological response modifiern muß vorläufig als ausschließlich experimentell eingestuft werden. Derzeit bereits eingesetzt wird TNF klinisch zur Behandlung des rezidivierenden Aszites bei austherapierten Patientinnen. Der Tumornekrosefaktor führt durch direkte Instillation in die Bauchhöhle in vielen Fällen zu einer zeitbegrenzten Rückbildung des Aszites, jedoch nicht zu einer Rückbildung des Tumors. Ebenfalls hoffnungsvoll, aber noch sehr hypothetisch, könnte eine Immuntherapie über Onkogen-assoziierte Tumorantigene ablaufen. Hier wird die Forschung in der nächsten Zukunft ansetzen müssen.

8. Resultate

8.1 Prognosefaktoren

Die Prognose des Ovarialkarzinoms wird mit zunehmendem Stadium signifikant schlechter. Im Stadium II, III und IV sind vor allem der postoperative Resttumor, das Tumorgrading, sowie im geringeren Maße der histologische Typ prognostisch aussagekräftige Faktoren. Für die Praxis und die Therapieplanung hat sich die Einteilung in „low-risk-Tumore" (postoperativer Tumorrest kleiner als 2 cm und gut differenzierter Tumor) und „high-risk-Tumore" (postoperativer Tumorrest größer als 2 cm und undifferenzierter Tumor) bewährt. Bei der individuellen Therapieplanung müssen auch Alter, Allgemeinzustand, rezidiv-, bzw. progressionsfreies Intervall und Aszites mitberücksichtigt werden, da auch diesen Faktoren eine prognostische Bedeutung zukommt. Die Bedeutung der Tumormarker ist aus der Tabelle 7 ersichtlich.

Tabelle 7. Zusammenhang von prognostischen Faktoren von 409 Patientinnen mit Ovarialkarzinom (Wahrscheinlichkeit eines Typ I Fehlers).
Aus: Stettner H.: Prognostic factors in ovarian cancer. In: Burghardt E., Webb M., Monaghan J. and Kindermann G.: Surgical Gynecologic Oncology. Thieme, Stuttgart 1993

Tumormarker	Korrelation (%)	Fehler
CEA + Ferritin	75,5	23,90
CEA + TPA	81,6	25,90
Ferritin + TPA	83,7	6,88
CEA + CA 125	88,8	7,46
TPA + CA 125	92,8	7,49
Ferritin + CA 125	94,9	7,26

9. Nachsorge

(siehe Seite 125)

10. Rezidivtherapie

Leider sind die therapeutischen Möglichkeiten bei einer Progression oder einem Rezidiv eines Ovarialkarzinoms auch heute noch sehr begrenzt. Trotz einer Vielzahl von Second-line-Chemo-therapieschemata wird es nur in den seltensten Fällen gelingen, den Verlauf der Krankheit günstig zu beeinflussen. In den Entscheidungsprozeß über die einzuschlagende Behandlung müssen Wirkung und Nebenwirkung, Lebensqualität und psychische Situation der Patientin einbezogen werden. In manchen Fällen wird auch eine Strahlentherapie bei lokalem Tumorwachstum, bzw. eine sekundäre Debulkingoperation in die Überlegungen einbezogen werden müssen. Ein onkologisches Konsilium mit den Vertretern der verschiedenen Fachdisziplinen kann hier sehr hilfreich sein.

Besondere Bedeutung in der Rezidivtherapie kommt auch der Analgesie, psychologischen Betreuung und Ileusprophylaxe zu.

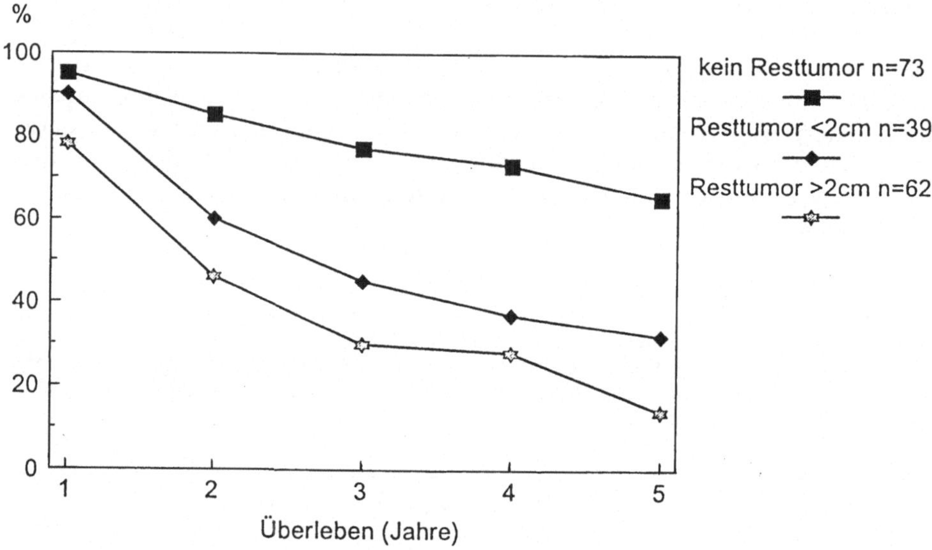

Abb. 1. Überleben im FIGO Stadium III mit Lymphadenektomie in Abhängigkeit vom Resttumor. Graz 1980 - Febr. 1992

Nicht epitheliale Malignome des Ovars

A. Maligne Keimzelltumoren

1. Epidemiologie

Maligne Keimzelltumoren des Ovars machen etwa 3–5 % der bösartigen Eierstocktumoren aus. Die Diagnose wird meist im Kindes- und Adoleszentenalter gestellt. Mehr als 80 % der Dysgerminome treten vor dem 30. Lebensjahr auf. Die Inzididenz maligner Keimzelltumoren ist bei der Frau weit geringer als beim Mann.

2. Pathologie

Maligne Keimzelltumoren werden aufgrund der vermuteten histogenetischen Prinzipien eingeteilt, wobei häufig Kombinationen verschiedener Typen in einem Tumor beobachtet werden:

2.1 Dysgerminom: (syn: Germinom, Ovarial-Seminom, Gonozytom)

Das Dysgerminom ist der häufigste maligne Keimzelltumor und besteht aus gleichförmigen, primordiale Keimzellen imitierenden Tumorzellen, die in einer frühen und indifferenten Differenzierungsphase arretiert sind. Dysgerminome sind äußerst selten endokrin aktiv (in 6–8 % wird hCG produziert). Die Tumoren sind solide und von weißer bis rötlicher Farbe (Hämorrhagien). Dysgerminome treten meist einseitig auf und metastasieren überwiegend lymphogen in die pelvinen und paraaortalen Lymphknoten.

2.2 Tumoren omnipotenter Zellen (embryonale Karzinome)

2.2.1 Mit embryonalem Ekto-, Meso und Entoderm: Teratom

Die überwiegende Mehrzahl der Teratome, die im Ovar entstehen (99 %), sind zystisch und reif (Dermoidcyste). Die meisten Tumoren enthalten Derivate aller Keimblätter. Monodermale Formen sind die Struma ovarii und das ovarielle Karzinoid. Eine sekundäre maligne Entartung einer oder mehrerer Gewebskomponenten – vor allem epidermaler Anteile – ist möglich. In seltenen Fällen entstehen, meist unilateral, primär unreife maligne Teratome. Histologisch können meist unterschiedlich differenzierte Anteile aller Keimblätter nachgewiesen werden, wobei von Scully ein System zum Grading (G 0-3) erstellt wurde.

2.2.2 Tumoren mit exraembryonalen Strukturen

2.2.2.1 Yolk-Sac-Tumor (Endodermaler Sinustumor)

Dieser nimmt in der Häufigkeit maligner Keimzelltumoren den zweiten Platz ein. Er entsteht meist unilateral und vor dem 40. Lebensjahr. Typisch für den Yolk-Sac-Tumor ist die bunte Schnittfläche, wobei histologisch ein retikuläres Netzwerk aus extraembryonalen Mesoblasten dominiert. Typisch, jedoch nicht obligat, sind die Schiller-Duval-Körper (Blutgefäß umgeben von einem einschichtigen primitiven Epithel). Der Yolk-Sac-Tumor produziert regelmäßig alpha-Fetoprotein.

2.2.2.2 Chorionkarzinom

Primäre (nicht gestationale) Chorionkarzinome sind außerordentlich selten und können rein oder in Form eines mischdifferenzierten Keimzelltumors auftreten. Die Produktion von hCG kann regelmäßig gemessen werden.

3. Vorsorge

Maligne Keimzelltumoren wachsen außerordentlich schnell, weshalb die Diagnostik meist erst bei relativ ausgedehnten Tumorvolumina erfolgt. Eine effiziente Vorsorgeuntersuchung kann derzeit nicht angeboten werden. Bei HY-Antigen positiven Patientinnen mit Gonadendysgenesie kann durch eine frühzeitige Entfernung der Streakgonade eine effektive Prophylaxe erzielt werden.

4. Risikofaktoren

Als Risikofaktor gelten die **HY-Antigen positiven Gonadendysgenesien** und hier vor allem das Swyer-Syndrom. Dabei besteht ein bis zu **80 % hohes Risiko**, ein an und für sich eher benignes Gonadoblastom zu entwickeln, das jedoch häufig mit anderen Elementen von Keimzelltumoren (vor allem Dysgerminom) vermischt sein kann.

5. Klinische Symptomatik

Die klinische Symptomatik wird durch die große intraabdominelle Tumor-masse bestimmt, die zum akuten Abdomen, abdominellen Beschwerden, Obstruktion von Harnwegen und Darmpassagen führt. Selten tritt eine en-dokrine Symptomatik wie sekundäre Amenorrhoe und positiver Schwan-gerschaftstest auf.

6. Diagnose

Präoperativ: Klinische Untersuchung, Sonographie, Computertomogra-phie, Urogramm, allenfalls MRI. Bei Verdacht auf einen Keimzelltumor: Bestimmung von alpha-Fetoprotein, hCG, CA-125.
Intraoperativ: Schnellschnittuntersuchung. Die exakte intraoperative Klas-sifikation mittels Gefrierschnittes ist häufig nicht möglich.

7. Prognosefaktoren

Die Prognose von Keimzelltumoren des Ovars hat sich ähnlich der des Ho-dentumors beim Mann seit Einführen einer Cisplatinhältigen Chemothe-rapie deutlich verbessert. Prognostisch relevante Faktoren sind: Histologie (Dysgerminom besser als andere; Grading nach Scully beim Teratom), Sta-dium (entsprechend der FIGO Einteilung für epitheliale Tumoren) und Tumorrest.

8. Therapie

8.1 Operation

Prinzipielles Vorgehen wie beim epithelialen Ovarialkarzinom (siehe Seite 64). Aufgrund des meist jungen Lebensalters der Patientin und der damit verbundenen unvollständigen Familienplanung, der unilateralen Tumor-manifestation, sowie Überwiegen des Stadium I und gutes Ansprechen auf Chemotherapie kann die Indikation zur fertilitätserhaltenden Operation großzügig gestellt werden. **Ein exaktes Staging insbesonders unter Beach-tung der pelvinen und paraaortalen Lymphknotenstationen muß dennoch gefordert werden.**

8.2 Chemotherapie

Beim reinen Dysgerminom im Stadium IA ist keine adjuvante Therapie notwendig. In höheren Stadien kann **entweder eine Strahlen- oder Chemotherapie** adjuvant durchgeführt werden. Bei fertilitätserhaltender Operation soll der Chemotherapie der Vorzug gegeben werden, da bei über 80 % der Patientinnen innerhalb eines Jahres nach Beendigung der Therapie erneut ovulatorische Zyklen auftreten. Bei malignen Keimzelltumoren, die nicht reinen Dysgerminomen entsprechen, soll stets eine adjuvante Chemotherapie durchgeführt werden. Die Polychemotherapie unter Einschluß von Cisplatin, Etoposid und Bleomycin (PEB) muß heute als Therapie der Wahl sowohl adjuvant, als auch bei fortgeschrittenen Stadien bei allen Keimzelltumoren gelten:

Cisplatin	20 mg/m2	i. v.	d 1 – 5
Etoposid	100 mg/m2	i. v.	d 1 – 5
Bleomycin	30 U	i. v.	d 1,8,15
Wiederholung d 22 für 3 bis 4 Zyklen			

8.3 Strahlentherapie

Dysgerminome gelten als außerordentlich strahlensensibel, so daß mit einer Dosis von etwa 20–30 Gy bereits eine ausreichende tumorneutralisierende Wirkung erreicht werden kann. Für die anderen malignen Keimzelltumoren hat die Strahlentherapie keine Bedeutung.

8.4 Hormontherapie

Besitzt bei Keimzelltumoren keine Bedeutung.

9. Nachsorge

Die Nachsorge erfolgt entsprechend den Richtlinien bei epithelialen Ovarialkarzinomen (siehe Kapitel 8), wobei auf die speziellen Tumormarker alpha-Fetoprotein und hCG besonders hingewiesen werden muß, die bei diesen Tumoren ein Rezidiv außerordentlich sensitiv vorhersagen lassen.

10. Rezidivdiagnostik und Therapie

Die Rezidivdiagnostik erfolgt nach den selben Gesichtspunkten wie bei den epithelialen Ovarialkarzinomen (siehe Kapitel 10).

Beim Dysgerminom gilt das erste Rezidiv noch als ausgezeichnet behandelbar. Vor allem besteht die Option, bei der chemotherapeutisch vorbehandelten Patientin auf eine Strahlentherapie zu wechseln und umgekehrt. Bei den anderen malignen Keimzelltumoren kann als Rezidivtherapie Vincristin, Actinomycin D und Cyclophophamid (VAC) oder Cisplatin, Vincristin, Methotrexat, Bleomycin, Actinomycin D, Cyclophosphamid, Etoposid (POMB/ACE) eingesetzt werden. Der Einsatz hochdosierter (letaler) Polychemotherapie mit autologer Knochenmarktransplantation ist derzeit noch in Prüfungsphase.

B. Keimstrang-Stroma Tumoren

1. Epidemiologie

Keimstrang-Stroma Tumoren machen etwa 5 % der Ovarialtumoren aus, wobei im Gegensatz zu den Keimzelltumoren **keine besondere Altersabhängigkeit besteht.**

2. Pathologie

Keimstrang-Stroma-Tumoren entstehen bei beiden Geschlechtern aus den primitiven Keimsträngen und dem sexuell determinierten Mesenchym. Dazu gehören im wesentlichen Granulosa- und Sertolizellen, Thekazellen, sowie Hilus- und Leydigzellen. Etwa 2/3 der Tumoren sind endokrin aktiv und können die ovariellen Steroidhormone Östron, Östradiol, Progesteron, Hydroxyprogesteron, Androstendion und Testosteron, aber auch atypische Metabolite synthetisieren.

2.1 Granulosazelltumor

Granulosazelltumore entwickeln sich meist unilateral in allen Altersgruppen und sind solide oder multizystisch. Die Schnittfläche ist grauweiß oder gelblich gefärbt. Histologisch werden mehrere Subtypen unterschieden (Mikrofollikulär mit Call-Exner-Körper, makrofollikulär, trabekulär, insulär, sarkomatoid). Die histologische Klassifikation hat für die Beurteilung der Dignität nur eingeschränkte Wertigkeit. In etwa 5 % ist ein Granulosazelltumor mit einem Adenokarzinom des Endometriums assoziiert (östrogeninduziert?). Etwa 5 % der Granulosazelltumoren werden vor dem Pubertätsalter diagnostiziert und stellen den sogenannten juvenilen Typ dar. Dieser Tumortyp löst bei etwa 80 % der Patientinnen eine Pseudopubertas praecox aus. Auch wenn eine Ruptur, sowie Aszitesbildung, bzw. ein Hämatoperitoneum bei etwa 10 % der Patientinnen zum Zeitpunkt der Operation beobachtet werden kann, liegt dennoch bei etwa 97 % der Patientinnen ein Stadium I vor. Granulosazelltumore und hier vor allem der juvenile Typ verhalten sich selten bösartig.

2.2 Thekom

Thekome sind überwiegend gutartig; bei malignen Thekomen handelt es sich meist um Sarkome oder diffuse Granulosazelltumore. Die Tumore werden in allen Altersgruppen diagnostiziert und treten meist unilateral auf. Makroskopisch finden sich abgekapselte, glatte, solide, derbe Tumore von gelbweißer Farbe. Histologisch finden sich gebündelte, spindelförmige Zellen.

2.3 Androblastom (Sertoli-Leydigzelltumor, Arrhenoblastom)

Androblastome sind meist einseitig auftretende, abgekapselte, überwiegend solide Tumoren von grauer bis gelblicher Farbe. Die Tumore treten häufiger bei jüngeren Frauen auf. Histologisch finden sich zahlreiche Varianten, die zum Teil hochdifferenziert (Picksches tubuläres Adenom), zum Teil entdifferenziert und sarkomatoid erscheinen.

3. Vorsorge

Eine effiziente Vorsorgeuntersuchung kann derzeit nicht angeboten werden.

4. Risikofaktoren

Aufgrund der insgesamt niedrigen Inzidenz ist wenig über Risikofaktoren bekannt. Über ein gehäuftes Auftreten von SertoliLeydigzell-Tumoren beim Peutz-Jeghers Syndrom (autosomal dominant vererbte Erkrankung mit ausgedehnter Polyposis des Gastrointestinaltraktes, sowie Haut und Schleimhautpigmentierung) gibt es Fallberichte. Für den juvenilen Granulosazelltumor wurde über eine Assoziation mit dem Morbus Ollier (polytope chondromartige Knorpelwucherungen unklarer Ätiologie) und dem Maffucci Syndrom (Kombination von multiplen Hämangiomen und chondromartigen Knorpelwucherungen) berichtet.

5. Klinische Symptomatik

Die klinische Symptomatik wird meist durch die intraabdominale Tumormasse bestimmt, die zu chronischen oder akuten Beschwerden führen kann. Vor allem beim Granulosazelltumor wird nicht selten in der Folge ein akutes Abdomen beobachtet. Bedeutsam kann bei Keimzell-Stromatumoren auch die Produktion von Steroidhormonen werden, die prämenopausal zu Blutungsstörungen bis hin zur sekundären Amenorrhoe und postmenopausal zum Auftreten einer Blutung führen kann. Spannungsgefühl in der Brust kann ebenfalls beobachtet werden. Bei Kindern können endokrin aktive Tumoren eine Pseudopubertas praecox auslösen. Bei Androgen-produzierenden Tumoren ist neben den Blutungsstörungen auch eine Virilisierung zu sehen.

6. Diagnose

Präoperativ:
Klinische Untersuchung, Sonographie, Computertomographie, allenfalls MRI. Bei Verdacht oder klinischer Symptomatik Bestimmung von Östron, Östradiol, Hydroxprogesteron, Androstendion, Testosteron, LH und FSH.
Intraoperativ:
Schnellschnittuntersuchung. Die exakte Klassifikation ist intraoperativ häufig nicht möglich.

7. Prognosefaktoren

Die Tumoren des Ovarialstromas verhalten sich überwiegend gutartig. Aufgrund der Histologie kann leider ein bösartiger Verlauf nicht vorhergesagt werden. Das klinische Stadium ist der wichtigste prognostische Faktor, wobei das Stadium I bei weitem überwiegt.

8. Therapie

8.1 Operation

Die Therapie der Wahl ist die abdominelle Hysterektomie mit beidseitiger Salpingoovariektomie. Eine komplette Netzresektion und Lymphonodektomie kann beim derzeitigen Wissenstand nicht als obligat empfohlen werden. Bei Wunsch nach Fertilitätserhaltung kann aufgrund der meist einseitigen Tumorlokalisation und des Überwiegens des Stadium I die Indikation zur unilateralen Entfernung der Adnexe großzügig gestellt werden. Besondere Beachtung sollte in diesem Falle die Beurteilung des Endometriums erhalten (fraktionierte Abrasio), um ein Adenokarzinom ausschließen zu können.

8.2 Strahlentherapie

Die Bedeutung der Strahlentherapie für Keimstrang-Stromatumoren muß als gering erachtet werden.

8.3 Chemotherapie

Aufgrund des klinischen Verlaufes und den unzureichenden Studien kann derzeit eine adjuvante Chemotherapie nicht empfohlen werden. Bei fortgeschrittenen Stadien oder Rezidiven empfiehlt beim Granulosazelltumor die EORTC derzeit die Chemotherapie mit PVB:

Cisplatin	100	mg/m2	i. v.	d 1
Vinblastin	0,18	mg/kg	i. v.	d 1,2
Bleomycin	15	mg/m2	i. m.	d 1,8,15
Wiederholung d 22 für 3 bis 4 Zyklen.				

Aufgrund der hohen Wirksamkeit von Etoposid kann das PEB-Schema (siehe Keimzelltumoren) als günstige Alternative angesehen werden.

8.4 Hormontherapie

Für den Granulosazelltumor gibt es einige Fallberichte über die Induktion von kompletten Remissionen durch Medroxyprogesteronacetat.

9. Nachsorge

Die Nachsorge erfolgt entsprechend den Richtlinien beim Ovarialkarzinom (siehe Kapitel 9). Die Bestimmung der Steroidhormone als Tumormarker scheint nicht geeignet, ein Rezidiv frühzeitig zu diagnostizieren.

10. Rezidivdiagnostik und Therapie

Die Rezidivdiagnostik erfolgt nach den selben Gesichtspunkten wie bei den epithelialen Ovarialkarzinomen (siehe Kapitel 10).
Da meist keine adjuvante Therapie erfolgt, wird auch das Rezidiv meist nach operativer Sanierung mittels Chemotherapie behandelt.

Trophoblasttumoren

1. Epidemiologie

Trophoblasttumoren, bzw. gestationsbedingte trophoblastische Neoplasien (GTN) zählen zu jenen seltenen Neoplasien, die auch noch bei ausgedehnter Fernmetastasierung kurativ behandelt werden können. Sie umfassen ein Spektrum verschiedenster Tumoren, die von der Blasenmole bis hin zum Chorionkarzinom reichen. Alle GTN leiten sich von fetalem Gewebe ab und können eine Invasion in mütterliches Gewebe aufweisen.

Die genaue Pathogenese der GTN ist unbekannt. Allerdings existieren mehrere epidemiologische und genetische Faktoren die mit dem Auftreten von GTN in Zusammenhang gebracht werden.

- Zytogenetische Studien von kompletten und partiellen Blasenmolen haben gezeigt, daß chromosomale Aberrationen in der Entstehung von GTN eine Rolle spielen. Die zytogenetischen Befunde weisen darauf hin, daß eine abnormale Fertilisation entscheidend für die Entstehung einer Blasenmole ist. Neuere Untersuchungen zeigen, daß ein Zusammenhang zwischen dem Phänotyp der Blasenmole und der Ratio von paternalen zu maternalen haploiden Chromosomensätzen besteht. Je höher die Ratio von paternalen zu maternalen Chromosomen ist, umso ausgeprägter und prognostisch ungünstiger die Blasenmole. Auch das Vorhandensein eines Y Chromosoms ist als prognostisch ungünstiger Parameter anzusehen.
- Die Inzidenz ist im asiatischen, afrikanischen und lateinamerikanischen Raum deutlich höher als in Europa. **In Europa beträgt die Inzidenz ca. 1:2–3000 Geburten.**
- Frauen, die schon einmal eine Molenschwangerschaft hatten, besitzen ein 20-40faches Risiko neuerlich an einer GTN zu erkranken.
- vorangegangene Fehlgeburten erhöhen, lebendgeborene Kinder senken das Risiko für eine GTN.
- Eine vorausgegangene Blasenmole erhöht das Risiko einer neuerlichen GTN. 15 % der Patientinnen mit Blasenmole entwickeln später eine invasive Blasenmole in 5 % ein Chorionkarzinom.
- Patientinnen mit Chorionkarzinom weisen in der Anamnese in 50 % eine Blasenmole, in 25 % einen Abortus, in 22 % eine normale Schwangerschaft und in 3% eine Extrauteringravidität auf.

2. Pathologie

Komplette Blasenmolen zeigen die typischen hydatiform umgewandelten Chorionzotten mit zentraler Zystenbildung und teilweise proliferierendem Trophoblasten bei fehlendem fetalem Gewebe. Ein Großteil der Chorionzotten ist von dieser hydatiformen Umwandlung betroffen.

Partielle Blasenmolen sind durch teils normale, teils hydatiform veränderte Chorionzotten mit fokaler trophoblastischer Hyperplasie mit oder ohne Atypien charakterisiert und können fetales Gewebe enthalten.

Invasive Molen zeigen eine weniger ausgeprägte Schwellung der Zotten. Zottengewebe kann im Myometrium und/oder in Gefäßlumina nachgewiesen werden. Es kommt auch zur Metastasierung von Trophoblastgewebe.

Chorionkarzinome sind hochmaligne epitheliale Tumoren mit biphasischer Proliferation von Zyto- und Synzytiotrophoblast. Chorionzotten sind nicht nachweisbar. Gefäßinvasion, Blutungs- und Nekroseherde, Kernpolymorphie und -hyperchromasie, sowie das Auftreten von Riesenzellen charakterisieren die Tumoren.

Trophoblasttumoren der Plazentainsertionsstelle bestehen vorwiegend aus intermediärem Trophoblast und sind in der Regel benigen. Es kommen aber auch hochmaligne Formen vor, bei denen der Trophoblast in das Endo- und Myometrium des Plazentabettes invadiert. Ein biphasisches Muster wie beim Chorionkarzinom und Chorionzotten fehlen.

Metastasierung – Metastasen treten in 80 % in der Lunge, zu 30 % in der Vagina (Fornix, suburethral), zu 20 % im Becken, zu 10 % im Gehirn und in der Leber, zu < 5 % am Darm, in der Niere und in der Milz auf.

3. Stadieneinteilung (FIGO)

FIGO Stadieneinteilung für Trophoblasttumore:

Stadium	I	Tumor auf den uterus beschränkt
Stadium	IA	Tumor auf den uterus beschränkt, kein Risikofaktor
Stadium	IB	Tumor auf den uterus beschränkt, ein Risikofaktor
Stadium	IC	Tumor auf den uterus beschränkt, zwei Risikofaktoren
Stadium	II	Uterusgrenzen überschritten, aber Ausbreitung auf Genitalorgane beschränkt
Stadium	IIA	kein zusätzlicher Risikofaktor
Stadium	IIB	ein Risikofaktor
Stadium	IIC	zwei Risikofaktoren
Stadium	III	Gesicherte Lungenmetastasen mit oder ohne gesicherten Tumornachweis im Genitalbereich
Stadium	IIIA	kein zusätzlicher Risikofaktor
Stadium	IIIB	ein zusätzlicher Risikofaktor
Stadium	IIIC	zwei zusätzliche Risikofaktoren
Stadium	IV	Alle anderen Formen von Metastasen
Stadium	IVA	Alle anderen Metastasen ohne Risikofaktor
Stadium	IVB	ein Risikofaktor
Stadium	IVC	zwei Risikofaktoren

Risikofaktoren sind: HCG Werte > 100.000 mIU/ml
Eintritt der Erkrankung weniger als 6 Monate nach
dem Ende der letzten Schwangerschaft

4. Risikofaktoren

Nach Curettage einer Blasenmole kommt es im Anschluß an die Entleerung
des Uterus in 15% zu einer lokalen uterinen Invasion, wobei Metastasen in 4%
auftreten. Folgende Faktoren charakterisieren sogenannte **High Risk Fälle:**

- HCG-Serumspiegel über 100.000 mlU/ml
- Deutlich vergrößerter Uterus
- Theka-Lutein-Zysten über 6 cm im Durchmesser
- Patientinnen über 40 Jahre
- Patientinnen im Stadium IV, da es sich hier zumeist um Chorionkarzinome handelt

40% aller GTN weisen eines dieser Kriterien auf und sind somit als High
Risk Fälle einzustufen. Ist dies der Fall, so muß nach Curettage einer solchen Blasenmole in 31% mit einer lokalen Invasion und in 9% mit Metastasen gerechnet werden. Liegt ein Low Risk Fall vor so ist in 3,4% mit lokaler Invasion und in 0,6% mit Metastasen zu rechnen.

5. Klinische Symptomatik

Komplette Blasenmole:	– vaginale Blutung (97%) – im Verhältnis zum Gestationsalter exzessive Uterusgröße (50%) – deutlich erhöhte HCG-Serumkonzentrationen – Hyperemesis Gravidarum (25%) – Praeeklampsie (Hypertonie, Proteinurie, – Hyperreflexie – 27%) – Hyperthyreose (7%) – Trophoblast-Embolie (2%) – Theca-Lutein-Zysten (50%)
Inkomplette Blasenmole:	zumeist Symptome, wie sie bei inkomplettem und verhaltenem Abortus auftreten.
Maligne GTN:	– vaginale Blutung – Theca-Lutein-Zysten – Subinvolutio uteri oder assymmetrisches – Wachstum – Fortbestand erhöhter HCG-Serumspiegel – abdominale Blutung nach Perforation einer invasiven GTN – bei pulmonalen Metastasen, Brust-, Atemschmerzen, Husten, Haemoptoe – fokale zerebrale Ausfallserscheinungen – Blutbeimengung im Stuhl – Hämaturie – Metastasen im Vulva- und Vaginabereich – Tumorzellembolie-bedingte pulmonale Hypertension

6. Diagnose

Beim Verdacht auf eine GTN sollten folgende diagnostische Verfahren angewendet werden:

- Genaue vor allem geburtshilfliche Anamneseerhebung und klinische Untersuchung
- HCG-Serumanalytik
- Bestimmung von Leber-, Schilddrüsen- und Nierenfunktionswerten
- Differentialblutbild inklusive Thrombozyten
- Oberbauch- und Unterbauch-Sonographie (intrauterin „Schneegestöber"-Muster)
- Thoraxröntgen – bei pulmonaler Beteiligung typische radiologische Veränderungen, wie das alveoläre Schneegestöbermuster, diskrete Rundherde, Pleuraergüsse, embolisch-atelaktische Veränderungen bedingt durch Pulmonalarterienverschluß
- Bei sekundärblastomatöser cerebraler Beteiligung – Computertomographie des Schädels und HCG-Bestimmung im Liquor
- Bei intraabdomineller, bzw. hepataler Manifestation – Computertomographie

7. Prognosefaktoren

Die wichtigsten Prognosefaktoren wurden von Bagshawe zusammengefaßt und mit einem Score versehen, nach dem die Patientinnen in Low, Middle und High Risk Fälle eingeteilt werden können (Tabelle 1). Wenn der Prognose-Score > = 8, muß die Patientin als High Risk Fall eingestuft werden und einer Polychemotherapie unterzogen werden. Patientinnen des Stadium I haben normalerweise einen Low Risk Score, während jene des Stadiums IV einen High Risk Score aufweisen. Die Beurteilung mittels Score ist somit vor allem in den äußerst schwierig zu beurteilenden Stadien II und III sehr hilfreich (Tabelle 1).

Tabelle 1. Risikoscore bei Patientinnen mit GTN

	Score			
	0	1	2	4
Alter (Jahre) <39	>39			
Vorangegangene Grav.	Mole	Abortus	Termin	
Intervall zw. dem Ende der vorangegangenen Grav. und Beginn der Chemotherapie (Monate)	<4	4–6	7–12	>12
HCG-Serumkonzentration (IU/L)	$<10^3$	10^3–10^4	10^4–10^5	$>10^5$
Blutgruppe	0 od. A	B od. AB		
Tumorausdehnung (cm)	<3	3–5	>5	
Metastasenlokalisation	Niere	Milz Leber	GI Trakt	Hirn
Metastasenanzahl		1–3	4–8	>8
Vorangegangene Chemotherapie (Anzahl der Therapeutika)			1	>=2

Gesamtscore: <=4 = Low Risk; 5–7= Middle Risk; >=8 = High Risk
Bagshawe KD: Treatment of high-risk choriocarcinoma. J Reprod Med 29: 813, 1984

8. Therapie

8.1 Operation

Zur Entleerung des Uterus wird bei Blasenmole die Saugcurettage bevorzugt.

Durchführung:

– Beginn einer mit Oxcytocin- und Methergininfusion
– Zervikale Dilatation
– Saugcurettage
– Nachcurettage mittels scharfer Curette

Das durch Saugcurettage, bzw. Nachcurettage gewonnene Material muß getrennt zur histologischen Untersuchung gesandt werden.

Bei GTN im Stadium I bei abgeschlossener Familienplanung die Hysterektomie mit adjuvanter Monochemotherapie als Therapie der Wahl anzusehen. Da aber meistens die betroffenen Patientinnen jung und die Familienplanung daher noch nicht abgeschlossen ist, sollte in diesen Fällen zunächst die primäre Chemotherapie zur Anwendung kommen.

8.2 Chemotherapie

Seit Einführung der Chemotherapie im Jahre 1956 haben die Behandlungsergebnisse und die Prognose von GTN einen dramatischen Wandel erfahren.

Bei GTN im Stadium I ist die Monochemotherapie mit Methotrexat
(Tabelle 2) oder Actinomycin D (Tabelle 3) bei bestehendem Kinderwunsch die Behandlung der Wahl. Es wird über Heilungsraten von 95 % berichtet. Bei fehlendem Response nach Monochemotherapie sind Polyche-
motherapien angezeigt (Tabellen 4 und 5). Das Schema Methorexat + Folsäure „Rescue" ist bezüglich Wirkung und Toxizität als Schema erster Wahl
anzusehen (Tabelle 2).

*HCG-Serumkonzentrationen werden wöchentlich nach jedem Chemotherapiezy-
klus bestimmt. Die HCG Regressionskurve dient als Parameter für die Notwendigkeit
eines eventuellen weiteren Chemotherapiezykluses.*

Keine weitere Chemotherapie solange der HCG-Spiegel konstant fällt.

*Eine Response auf eine Methotrexattherapie ist definiert durch einen HCG-Titer
Abfall um ein log. in der HCG Regressionskurve. Ein zweiter Chemotherapiezyklus
wird verabreicht wenn:*

1. HCG-Serumkonzentrationen über 3 Wochen ohne zu sinken gleich-
   bleibend erhöht sind oder ansteigen
2. kein HCG-Abfall innerhalb von 18 Tagen erfolgt
3. Metastasen nicht verschwinden
4. neue Läsionen auftreten.

Die adjuvante Chemotherapie bei abgeschlossenem Familienplan sollte bei
Hysterektomie aus drei Gründen verabreicht werden:

1. um die Dissemination lebender Tumorzellen zu reduzieren
2. um einen zytotoxisch wirksamen Serum- und Gewebsspiegel in Hinblick auf operativ disseminierte Zellen zu erzielen
3. um okkulte Metastasen zu behandeln.

Die Chemotherapie kann zum Zeitpunkt der Hysterektomie gegeben werden. Der Einsatz der prophylaktischen Chemotherapie wird kontroversiell
diskutiert. Sie sollte bei Risikofällen, besonders wenn keine sequentiellen
HCG-Bestimmungen durchgeführt werden können, erfolgen. Bei Resistenz erfolgt eine Polychemotherapie mit Methotrexate, Axtinomycin D
und Cytoxan (MAC; Tabelle 4).

Trophoblasttumoren im **Stadium II und III** erhalten bei Low-risk-Fällen
initial eine Monochemotherapie mit Methotrexat bei Therapieresistenz die
Kombination MAC (Tabelle 4). High-risk-Fälle erhalten initial die MAC Polychemotherapie, bei Resistenz eine Polychemotherapie mit VP-16, Actinomycin-D, Methotrexat, Vincristin, Cytoxan (EMA/CO; Tabelle 5).

Das **Stadium IV** sollte prinzipiell immer mit einer Polychemotherapie behandelt werden. Initial wird MAC (Tabelle 4) verabreicht, bei ausbleibendem
Response EMA-CO (Tabelle 5). Die Polychemotherapie sollte alle 3 Wochen
erfolgen, bis normale HCG-Serumkonzentrationen erreicht werden. Danach
sollten zwei zusätzliche Kurse verabreicht werden, um ein Rezidiv zu verhindern. Bei Lebermetastasen kann eine intraarterielle Chemotherapie erfolgen.

Tabelle 2. Methotrexat und Methotrexat + Folsäure „Rescue" Schema

Methotrexat

1. Methotrexat 0.4 mg/kg i.v. oder i.m. durch 5 Tage (tägliche Kontrolle von BB, Thrombozyten), bei fehlendem Response Dosissteigerung (0.6 mg/kg i.v.) oder Umstellung auf Actinomycin D

2. Methotrexat kann auch wöchentlich (40 mg/m² i.m.) gegeben werden.

Methotrexat + Folsäure „Rescue"

1. Methotrexat 1 mg/kg i.v. am Tag 1, 3, 5 und 7 des Zyklusses (tägliche Kontrolle von BB und Thrombozyten)

2. Folsäure „Rescue" 0.1 mg/kg i.v. sollte zur Vermeidung von systemischen Nebenwirkungen (Myelosuppression) sequentiell 24 Stunden nach Methotrexatgabe verabreicht werden.

Tabelle 3. Actinomycin D-Schema

Actinomycin D

1. Actinomycin-D (12 mikrogramm/kg i.v. durch 5 Tage – tägliche Kontrolle von BB, Thrombozyten, SGOT), bei fehlendem Response Dosissteigerung (2 µg/kg zur Initialdosis) oder Umstellung auf Methotrexat.

2. Actinomycin kann auch wöchentlich (1,25 mg/m² alle 14 Tage) gegeben werden.

Tabelle 4. MAC-Schema

Tag 1	Methotrexat	1 mg/kg i.v.
	Actinomycin D	12 mikrg/kg i.v. nicht >1 mg
	Cytoxan	3 mg/kg i.v.
Tag 2	Folsäure	0.1 mg/kg i.m. (24 h nach Methotrexat)
	Actinomycin D	12 mikrog/kg i.v.
	Cytoxan	3 mg/kg i.v.
Tag 3	wie Tag 1	
Tag 4	wie Tag 2	
Tag 5	wie Tag 1	
Tag 6	Folsäure	0.1 mg/kg i.m.
Tag 7	Methotrexat	1 mg/kg i.m.
Tag 8	Folsäure	0.1 mg/kg i.m.

Berkowitz R.S. et al: Modified triple chemotherapy in the management of high-risk metastatic gestational trophoblastic tumors. Gynecol Oncol 19 (1984) 173.

8.3 Strahlentherapie

Eine Bestrahlung des Kopfes (3000 rad – 10 Sitzungen à 30 rad) kann im Stadium IV bei gesichertem Vorliegen von cerebralen Metastasen nach initialer Chemotherapie erfolgen.

Tabelle 5. EMA-CO Schema

Zyklus 1

Tag 1	VP-16	100 mg/m^2, i.v. in 200 ml phys. NaCl in
	30 Minuten	
	Actinomycin-D	0.5 mg, i.v., im Bolus
	Methotrexat	100 mg/m^2, i.v., im Bolus
		200 mg/m^2 in Infusion über 12 Stunden
Tag 2	VP-16	100 mg/m^2, i.v. in 200 ml phys. NaCl in
	30 Minuten	
	Actinomycin-D	0.5 mg, i.v., im Bolus
	Folsäure	15 mg, i.m.

Zyklus 2

| Tag 8 | Vincristin | 1.0 mg/m^2, i.v., im Bolus |
| | Cytoxan | 600 mg/m^2, i.v., in phys. NaCl |

Bagshawe K.D.: Treatment of high-risk choriocarcinoma. J Reprod Ned 29 (1984) 813.

9. Nachsorge

Nach Curettage einer kompletten oder partiellen Blasenmole sollte **wöchentlich der HCG-Serumspiegel** bestimmt werden, bis dieser **3 Wochen** hindurch im Normbereich liegt, danach monatlich, bis ein normaler Wert in **6 aufeinanderfolgenden Monaten,** gegeben ist. Nach Abschluß der HCG-Kontrollen besteht keine Kontraindikation zu einer neuerlichen Gravidität.

Im **Stadium I, II, III und IV** sollten ebenfalls **wöchentliche HCG-Serumspiegelmessungen** erfolgen, bis diese **3 Wochen** hindurch im Normbereich liegen, danach monatlich bis ein normaler Wert in **12 aufeinanderfolgenden Monaten, im Stadium IV in 24 Monaten** gegeben ist. In dieser Zeit sind kontrazeptive Maßnahmen zu treffen. IUD sollte auf Grund erhöhter Perforationsgefahr erst bei normalen HCG-Serumspiegel Anwendung finden.

Prinzipiell ist auch eine Schwangerschaft nach Chemotherapie wegen eines GTN nicht kontraindiziert. Die Erfahrung hat gezeigt, daß solche Patientinnen keinem wesentlich höheren Risiko in Bezug auf Schwangerschaftsverlauf, Geburt und fetal outcome ausgesetzt sind. Dennoch sollten folgende Gesichtspunkte in die Patientenberatung und Therapieplanung einfließen:

1. Zwischen dem **Ende der Chemotherapie** und dem Eintritt einer Schwangerschaft sollte zumindest ein **Sicherheitsabstand von 1 Jahr** eingehalten werden. Dies entspricht auch dem Kontrollzeitraum für die HCG-Serumspiegelbestimmungen. Während dieser Zeit sollte für eine sichere Kontrazeption gesorgt werden.

2. Während der Chemotherapie sollte eine **Kontrazeption mit Ovulations-hemmern** durchgeführt werden, damit keine Eizellen während der Chemotherapie die vulnerable Phase der zweiten Reifeteilung durchlaufen kann.
3. Etoposid erwies sich als besonders gonadotoxisch und kommt daher nicht als first line Chemotherapeutikum in Frage.

Mammakarzinom

1. Epidemiologie und Ätiologie

Bei der Betrachtung der geographischen Verbreitung zeigt das Mammakarzinom eine hohe Inzidenzrate in Nordeuropa und Nordamerika gegenüber einer deutlichen geringeren in Südostasien und Japan. Es herrscht also ein deutliches Nordsüd-Ostwestgefälle. Allerdings ist in den letzten Jahren auch in Japan ein deutlicher Anstieg der Brustkrebsinzidenz zu verzeichnen.

Innheralb Europas besteht ein Nord-Süd-Gefälle. Die höchsten Inzidenzraten werden in Holland, Dänemark, England und Schweden beobachtet. Die niedrigsten in Griechenland und Finnland. **In Österreich findet sich eine jährliche Mammakarzinominzidenz von ca. 70 auf 100000 Frauen/Jahr.** Die Mortalitätsrate wird mit etwa 35 auf 100000 Frauen/Jahr angegeben. Mit einer Manifestationsrate von 6–9 % der weiblichen Bevölkerung in Europa und Amerika ist das Mammakarzinom derzeit die häufigste Krebserkrankung der Frau. Je nach Herkunftsland erkrankt jede 15. bis 20. Frau an diesem Karzinom. Die Häufigkeit der Brustkrebserkrankung ist somit der des Diabetes mellitus vergleichbar. Hinsichtlich der Altersverteilung fällt bei weißen und farbigen Frauen in den USA ein rascher Anstieg in der Prämenopause auf. Bei den in Japan lebenden Japanerinnen findet sich der Anstieg dagegen erst in der Postmenopause. Durch Veränderungen der Umweltfaktoren, sowie der Lebensgewohnheiten, wie dies bei nach Amerika, bzw. Hawaii ausgewanderten Japanerinnen zutrifft, ändert sich der Kurvenverlauf und paßt sich dem der Bevölkerung des Gastlandes bei gleichzeitig ansteigender Inzidenz an.

In Österreich erkranken derzeit ca. 3200 bis 3300 Fälle pro Jahr mit einer durchschnittlichen Mortalitätsrate von 50 % nach 10 Jahren. Auch in Österreich zeigen sich lokale Unterschiede mit einer höheren Inzidenzrate im Norden und Osten und einer geringeren im Süden und Westen.

Die bislang vorliegenden epidemiologischen Daten deuten daraufhin, daß neben einer genetischen Disposition Umweltfaktoren die bedeutendste Rolle bei der Entstehung eines Mammakarzinoms spielen. In Holland konnte ein Zusammenhang zwischen Fettkonsum, Größe und Karzinominzidenz nachgewiesen werden. Die vorliegenden Daten sprechen dafür, daß Umwelt- und ernährungsbedingte Veränderungen zu einer subklinischen

Veränderung des Hormonmilieus führen können, die der Genese des Mammakarzinoms Vorschub leisten. In diesem Zusammenhang ist auch der vermehrte Alkoholkonsum für die Entstehung des Mammakarzinoms zu sehen. Durch Schädigung der Leber und den dadurch verminderten Abbau von Östrogenen, sowie durch vermehrte Aromatisierung von Östrogenvorstufen bei adipösen Patientinnen mit Alkoholabusus kommt es zu einer konstanten Erhöhung des Östrogenspiegels.

1.1 Genetische Ursachen

Folgende Anhaltspunkte sprechen für eine genetische Prädisposition zum Mammakarzinom:

1. Positive Familienanamnese bei bilateralen Mammakarzinomen.
2. Familiäre Zusammenhänge bei unilateralen Mammakarzinomen, wobei mehrere Vererbungsmodalitäten diskutiert werden.
3. Die erhöhte Mammakarzinominzidenz bei eineiigen Zwillingen.
4. Die relative Konstanz der Inzidenzrate des Mammakarzinoms, zum Unterschied zu den Schwankungen der Inzidenzraten anderer Karzinome.
5. Die unterschiedliche Inzidenz bei verschiedenen ethischen Gruppen, besonders wenn diese lange Zeit isoliert leben.

Zu diesen Fragen liegen bis jetzt noch nicht viele Daten vor, so daß eine Unterscheidung, ob dieses Phänomen umweltbedingt oder ausschließlich genetisch fixiert ist, nicht sicher zu treffen ist.

1.2 Andere nichtgenetische Faktoren

Das Brustkrebsrisiko steigt mit dem Alter bei der ersten voll ausgetragenen Schwangerschaft. Eine vor dem 18. Lebensjahr ausgetragene Schwangerschaft reduziert das Brustkrebsrisiko auf ein Drittel gegenüber einer Schwangerschaft nach dem 35. Lebensjahr. Um hinsichtlich des Brustkrebsrisikos einen protektiven Effekt zu haben, muß die erste Schwangerschaft vor dem 30. Lebensjahr ausgetragen sein.

Nach den bislang vorliegenden Erkenntnissen scheint der Zusammenhang zwischen dem Zeitpunkt der Menarche und der Mammakarzinominzidenz, bzw. dem Manifestationsalter wahrscheinlich. So hat sich das Alter bei der Menarche in den letzten Jahrzehnten auf immer jüngere Jahrgänge verschoben, mit einem Durchschnittsalter derzeit um das 12. Lebensjahr. Dementsprechend verschob sich das Manifestationsalter der Brustkrebserkrankung mehr zur Prämenopause. Retrospektive Untersuchungen zeigten für die Brustkrebspatientinnen mit früher Menarche eine schlechte Prognose.

Hinsichtlich eines erhöhten Mammakarzinomrisikos nach Erkrankung an einem gynäkologischen Tumor liegen unterschiedliche Berichte vor. Es scheint jedoch eine **gemeinsame Häufung** von **Mammakarzinom und Endometriumkarzinom** zu geben, da für beide Karzinomarten eine Hormonabhängigkeit besteht. Beim Mammakarzinom ist auf jeden Fall das Risiko der kontralateralen Brust, ebenfalls an einem Karzinom zu erkranken, deutlich erhöht.

2. Pathologie

Die histologische Klassifikation des Mammakarzinoms erfolgt nach der WHO Klassifikation (1981). Bei der Darstellung der präkanzerösen Veränderungen und in-situ Fällen hat sich die WHO Klassifikation ausschließlich auf echte „intraduktale in-situ-Zustände" und auf das sogenannte Karzinoma lobulare in-situ (CLIS) beschränkt. Durch diese einfache schematische Unterscheidung wird nichts über den Krankheitswert und die prognostische Aussage der einzelnen Grade der präkanzerösen Veränderung ausgesagt.

Die Übergänge der Präkanzerosen in echte in-situ-Zustände sind fließend. Dabei setzt der echte in-situ-Zustand immer eine eindeutige zelluläre Atypie voraus, die bereits dem Zellbild eines Karzinoms entspricht. Zu den Präkanzerosen gehören:

1. Atypische (Dysplastische) Proliferationen des Gangepithels, eigenständig oder bei Mastopathie.
2. Bestimmte Typen nicht atypischer oder atypisch papillärer Epithelproliferationen.
3. Das sogenannte Carcinoma lobulare in situ.

Topisch betrachtet finden sich die duktalen soliden und papillären Proliferationen in den größeren und kleineren Milchgängen, während das Carcinoma lobulare in situ im peripheren Drüsenkörper (lobularen Bereich) lokalisiert ist.

2.1 Solide intraduktale Epithelproliferationen – fibrös-zystische Mastopathie

Derartige, meist multifokal entwickelte Epithelproliferationen kommen im Brustdrüsenkörper mit und ohne Mastopathie vor. Es wurde deshalb häufig eine Verbindung zwischen der fibrös-zystischen Mastopathie und den Epithelproliferationen mit ihren unterschiedlichen Atypiegraden hergestellt, obwohl auf Grund zahlreicher Untersuchungen feststeht, daß eine solche direkte Beziehung nicht besteht.

Für die biologische Einschätzung der Veränderungen sind Atypiegrad, Intensität der Proliferation und Multizentrizität die bedeutendsten Kriterien:

1. liegt eine regelrechte duktale Epithelproliferation ohne Atypie vor, so ist das Risiko nur geringfügig erhöht; eine kontinuierliche Betreuung der Patientin in der normalen Krebsvorsorge ist ausreichend.
2. findet sich eine ausgeprägte duktale Epithelproliferation mit mäßiger Atypie (Synonym mit mäßiggradiger Dysplasie) so ist eine gesicherte langzeitige Kontrolle der Patientin unerläßlich.
3. liegt eine gesteigerte Atypie (Synonym mit intraduktalem nicht invasiven Karzinom oder Carcinoma in situ) des proliferierten Gangepithels vor, so muß der Pathologe zunächst einen eventuell vorhandenen Infiltrationsprozeß so gut wie möglich ausschließen.

Heute steht man auf dem Standpunkt, daß die Präkanzerosen auf jeden Fall wie Karzinome behandelt werden sollen. Auch wenn keine Invasion nachgewiesen ist, ist ein operatives Handeln unerläßlich und die Entfernung von mammographisch festgestellten Verkalkungsarealen in der Brust notwendig. Nicht nur örtliche Rezidive, sondern auch axilläre Lymphknotenbeteiligungen wurden in seltenen Fällen in mutmaßlich noch nicht invasiven Karzinomen beobachtet.

Gemäß der neuen **WHO-Klassifikation ist zwischen „nichtinvasiven" und „invasiven" Hauptformen zu unterscheiden**. Zu den nichtinvasiven Hauptformen gehören:

a) die intraduktalen Karzinome mit einem soliden cribriformen, comedoartigen, oder papillären Wachstumsmuster.
b) das Carcinoma lobulare in situ.
   Aufgrund der internationalen Literatur können Bedenken geäußert werden, diese Veränderungen in jedem Fall a priori als nicht invasives Karzinom zu deklarieren.

Insgesamt machen die invasiven duktalen Karzinome nach der weitgehend übereinstimmenden Beurteilung aller Pathologen 85–90 %, die invasiven lobulären dagegen nur 10–15 % der gesamten Brustkrebse aus. Anteilsgemäß macht das medulläre Karzinom 4–5 % der Mammakarzinome aus. Der Morbus Paget als Sonderform der überwiegend intraduktal wachsenden Karzinome tritt in etwa 7 % aller intraduktalen Karzinome auf. Relativ selten ist das papilläre invasive Karzinom, welches 1–2 % der Brustkrebse ausmacht. Natürlich gibt es auch Mischformen zwischen duktalen und lobulären Karzinomen.

Das inflammatorische Karzinom ist das am schnellsten wachsende Mammakarzinom, in der Regel mit fatalem Verlauf. Dieser seltenere Tumortyp ist kein spezieller morphologisch abgrenzbarer Spezialtyp, sondern er imponiert vor allem durch das klinische Erscheinungsbild und den in der Regel rasch proliferierenden Verlauf. Es kommt zu Lymphgefäßokklusionen und Lymphangiektasien. Offensichtlich werden in diesem Rahmen hochwirksame Entzündungsmediatoren freigesetzt, die den erysipelartigen Prozeß hervorrufen. Die explosionsartige örtliche Tumorausbreitung ist in den meisten Fällen mit einer hämatogenen Metastasierung gekoppelt, so daß die Prognose in nahezu allen Fällen a priori sehr ungünstig zu beurteilen ist.

2.2 Seltene Karzinome mit niedrigem Malignitätsgrad und günstiger Prognose

Dazu gehören das adenozystische, das tubuläre, das muzinöse und das papilläre Karzinom.

Das primär adenoidzystische Karzinom ist unter den Brustkrebsen mit nur 0,4 % vertreten. In 2,5 % der Mammakarzinome finden sich Anteile eines adenoidzystischen Karzinoms.

Das tubulare Karzinom macht rund 1 % der Brustkrebse aus. Histologisch findet sich ein tubulares, schlauchartiges Wachstumsmuster. Die Tumoren nehmen ihren Ausgang zum Teil duktal, nach neueren Erkenntnissen zum Teil aber auch lobulär.

Das papilläre Karzinom ist mit 0,3 % aller Mammakarzinome sehr selten. Als Teilkomponente der verschiedenen Karzinomtypen ist das papilläre Karzinom mit 3,4 % deutlich häufiger. Das Karzinom entwickelt sich entweder im Bereich der großen Milchgänge, also relativ mamillennahe, oder in größeren und mittleren Drüsengängen des Parenchyms. Da papilläre Karzinome durch einen isolierten Stop in der Galaktographie lokalisiert werden können, bieten sie auch gute Möglichkeiten für eine Erfassung in der Punktions- und Exfoliativzytologie.

Das muzinöse Karzinom ist ebenfalls relativ selten, es macht nur 2–3 % der Tumoren der Brust aus. Synonym dazu werden die Bezeichnungen schleimbildendes, gelatinöses, kolloidales oder Gallertkarzinom verwendet.

2.3 Tumorgrading

Neben den klinischen Parametern, wie familiäres Mammakarzinom, Rezeptorstatus, Lymphknotenstatus, ist das histologische Grading als wichtiger prädiktiver Faktor bedeutungsvoll (Bloom and Richardson). Histologisch ist ein Tumor hochdifferenziert, wenn fast ausschließlich drüsige Strukturen vorliegen. Er ist mittelgradig differenziert, wenn sowohl drüsige, als auch solide Strukturen nebeneinander vorliegen und er ist niedrig differenziert, wenn praktisch ausschließlich solide Zellenformationen das Tumorgewebe bilden. Zusätzlich wird die Polymorphie, die Polychromasie und die Mitoserate beurteilt. Es ist verständlich, daß das Tumorgrading nur eine semiqualitative Methode darstellt, mit subjektiver Differenziertheit.

2.4 Hormonrezeptoren

Die Hormonrezeptorenbestimmung stellt für die Wertung des Tumors, die Prognose und die Therapiewahl einen wichtigen Parameter dar. Bestimmt werden vor allem der Östrogenrezeptor, der Progesteronrezeptor und der Androgenrezeptor. **Eine Mammakarzinomoperation ohne Bestimmung der Hormonrezeptoren muß heute als nicht lege artis abgelehnt werden.**

3. Vorsorge

Die Vorsorge setzt sich zusammen aus Prophylaxe und früherer Erfassung
– eine eigentliche „Früherkennung" ist beim Mammakarzinom noch nicht
möglich. Auch eine Prophylaxe ist wegen unserer ungenügenden Kenntnis
auslösender Mechanismen und Risikofaktoren nur begrenzt möglich. Die
Vorsorge muß sich auf die möglichst frühe Erfassung des Karzinoms kon-
zentrieren. Das Idealziel ist es, Tumoren unterhalb von 1 cm Durchmesser
zu erkennen, da eine Metastasierung bei dieser Größe noch gering ist und
die Prognose entscheidend vom Stadium des Tumors bei Erstdiagnose ab-
hängt. **Die verläßlichste Methode, Mammatumoren vor ihrer Tastbarkeit zu
diagnostizieren, ist die Mammographie.**

*Durch monatliche Selbstkontrolle der Brust allein, läßt sich die Fre-
quenz der Karzinome ohne axilläre Lymphknotenmetastasen um ein Drittel
senken und somit die 5–Jahresüberlebenschance um ca. 30 % steigern.* Das
ist Grund genug, jede Frau zur Selbstuntersuchung der Brust zu motivieren
und anzuleiten. Das Tastvermögen ist bei nasser oder eingecremter Haut
erhöht. Die Selbstuntersuchung ist in der Regel dann optimal, wenn sie
nach einem Schema abläuft. Gelegenheit zur Anleitung bietet sich anläßlich jeder gynäkologischen Untersuchung und insbesondere bei jeder ärzt-
lichen Vorsorgeuntersuchung.

Empfehlungen zur Vorsorge:
Monatliche Selbstuntersuchung ab dem 20. Lebensjahr (ärztliche Motivie-
rung und Anleitung notwendig) nach Ende der Menstruation (ca. 7. Tag).
Jährliche ärztliche Vorsorgeuntersuchung ab dem 30. Lebensjahr, falls kei-
ne Risikofaktoren vorliegen. Palpation der Brustdrüse und der Axillen.
*Erste Mammographie (Basismammographie) um das 35. Lebensjahr als
Ausgangsbefund.*
Mammographie in 2-jährigen Abständen.
Zusatzuntersuchungen und weitere Mammographien abhängig von Anam-
nese, Befund und Risiko.

GRUNDSÄTZLICH IST JEDE DER FOLGENDEN VERÄNDERUNGEN BIS ZUM BEWEIS DES GEGENTEILS
VERDÄCHTIG AUF EIN KARZINOM:

Unterschiedliche Größe und Form der Brüste
Unterschiedliche Bewegung der Brüste beim Anheben der Arme
Unterschiedliche Konsistenz
Einseitig eingezogene Brustwarze
Verstärkte Venenzeichnung
Rötung der Haut
und entzündliche Veränderungen
Hauteinziehung oder Orangenhaut
Einseitige Sekretion aus der Brustwarze, besonders blutige Sekretion (beiderseitige Se-
kretion ist in der Regel harmlos)
Tastbare Knoten der Brust und/oder im regionalen Lymphabflußgebiet Schmerzen, Zie-
hen, Jucken, Brennen in der Brust oder an der Brustwarze.

In der Praxis hat sich die Untersuchung an der sitzenden und stehenden Patientin bewährt. Die Palpation der Brust hat von vorne und von der Seite zu erfolgen. Die Palpation der Brust soll keineswegs zu fest oder schmerzhaft sein, sie soll jedoch alle Bezirke der Brust, einschließlich der Axilla und der Achselfalte, sowie der supraklavikulären Region umfassen. Nicht zu vergessen ist dabei auf die submammäre Region und die submammäre Falte. Wichtig ist die vergleichbare Untersuchung korrespondierender Stellen an den Brüsten. Die Palpation erfolgt entweder mit einer Hand oder bimanuell, in dem die Brust sanft zwischen den Fingern untersucht wird.

4. Risikofaktoren

Alter und Endokriner Status.
Die Altersverteilung des Mammakarzinoms zeigt einen zweigipfeligen Kurvenverlauf mit einem ersten Gipfel um das 45. Lebensjahr und einen zweiten um das 70. Lebensjahr. Nur ca. 20 Fälle eines Mammakarzinoms vor dem 20. Lebensjahr sind sicher dokumentiert.

4.1 Ernährung

Der karzinogene Effekt der Ernährung ist über folgende Mechanismen vorstellbar:
Die Nahrung könnte Träger von Prokarzinogenen oder Karzinogenen sein. Durch die Ernährung könnte eine Veränderung der intestinalen Flora eintreten, wodurch es zur Steigerung des Anteils von Kokarzinogenen kommt. Die Nahrung könnte zur Veränderung der hormonellen Situation im Bereiche des Brustdrüsengewebes, sowie zur Veränderungen des Östrogengehaltes im Fettgewebe führen. Nach Untersuchungen mehrerer Autoren läßt sich **ein Nahrungsbestand nämlich das Fett, im besonderen Maß mit der Brustkrebsinzidenz korrelieren**.
Auch eine Strahlenexposition, wie z. B. häufiges Durchleuchten, kann zu einer Erhöhung des Brustkrebsrisikos führen. Voraussetzung scheint jedoch zu sein, daß die Strahlenexposition zeitlich mit einer empfindlichen Phase des Brustdrüsengewebes zusammentrifft, was vor allem in der Jugend und der Menopause der Fall ist. So wurde nach den Atomabwürfen in Japan nur bei bestehenden Altersgruppen ein stetes Ansteigen der Karzinominzidenz beobachtet.
Hinsichtlich der Strahlenexposition bei der Mammographie gilt, daß bei den heutigen geringen Dosen von 0,1 Rad pro Mammographie sicher keine wesentliche Risikoerhöhung eintritt und der Nutzen der Mammographie gegenüber eventueller rechnerischer Risken erwiesenermaßen deutlich größer anzusetzen ist. Die Strahlentherapie beim brustkonservierenden Vorgehen oder eine primäre Bestrahlung von Mammakarzinomen führt nach allen Erfahrungen zu keiner erhöhten Inzidenz von Zweitkarzinomen.

4.2 Der Einfluß von Hormonen auf die Entstehung des Wachstums des Mammakarzinoms

Für die Hormonabhängigkeit des Brustkrebses, sowie die Bedeutung der Hormone bei der Karzinogenese sprechen folgende Befunde:
Östrogene sind im Tierexperiment bei Nagern Kokarzinogene.
Die Epidemiologie: die Geschlechterverteilung Männer zu Frauen liegt bei 1:100. Die zeitliche Inzidenz des Mammakarzinoms tritt praktisch nie vor der Pubertät auf.
Je länger die fertile Phase einer Frau ist, desto größer ist auch das Brustkrebsrisiko.
Bei Patientinnen mit Ovarialdysgenesie findet sich praktisch kein Mammakarzinom.
Das Risiko nimmt durch eine voll ausgetragene frühe Schwangerschaft ab.
Das Mammakarzinom ist durch Hormone im Sinne einer Remission, bzw. auch einer Promotion beeinflußbar, wenn Hormonrezeptoren im Karzinomgewebe nachweisbar sind.

Es fand sich bei Mammakarzinompatientinnen eine erhöhte Inzidenz von primärer und sekundärer Sterilität, sowie anovulatorischen Zyklen. Das Fehlen einer ausreichenden, zyklischen Progesteronproduktion wäre demnach in der Lage, die Karzinogenese zu begünstigen. Die orale Antikonzeption mit jahrzehnterlanger exogener Hormonzufuhr wurde seit ihrer Einführung verdächtigt, das Brustkrebsrisiko der betreffenden Frauen zu steigern. Epidemiologische Daten bei großen Bevölkerungsgruppen zeigen bisher allerdings keinen Einfluß auf die Karzinominzidenz. Es gibt jedoch Hinweise, die besagen, daß bei Frauen, welche sehr früh (vor dem 16. Lebensjahr) mit der hormonellen Antikonzeption begonnen haben, oder die sehr spät ihre erste Schwangerschaft ausgetragen haben, das Karzinomrisiko möglicherweise doch gesteigert ist.

5. Klinische Symptomatik

Das meist einseitig auftretende Mammakarzinom befällt die linke Mamma um 10 % häufiger, als die rechte. Sie ist etwa 45 % im oberen äußeren, in 25 % im Zentrum, in 15 % im oberen inneren, in 10 % im unteren äußeren und in 5 % im unteren inneren Quadranten lokalisiert. Mammakarzinome verursachen nur in 10 % der Fälle Schmerzen. Pathologische, meist blutig tingierte, einseitige Sekretion finden sich je nach Krankengut in etwa 10 % der Fälle, aber auch dieser Erscheinung kommt in der Früherkennung der Erkrankung keine führende Rolle zu. Dagegen nimmt die Inspektion und Palpation nach wie vor eine vorrangige Bedeutung bei der Diagnostik ein. Bei der Inspektion sind es vor allem Asymmetrien, Vorwölbungen, Einziehungen und Verziehungen der Brustkonturen, sowie der Mamilla, sowie Hautveränderungen, die an ein Karzinom denken lassen müssen.

Zu Beginn der Erkrankung bildet sich ein symptomloser kleiner, in das umgebende Gewebe vordringender Knoten, der zwar unter günstigen Bedingungen schon bei einem Durchmesser von ca. 1 cm palpiert werden kann, jedoch bis zu einer Größe von 2 cm inspektorisch und palpatorisch bei der Selbstuntersuchung leicht zu übersehen ist. Palpatorisch stellt sich ein durch infiltratives Wachstum unscharf abgrenzbarer derber Knoten mit unregelmäßig konturierter Oberfläche dar. Bei bestimmten Karzinomformen (zellreiches solides Karzinom) kann es jedoch zu Verwechslungen mit Fibroadenomen kommen.

Schon ab einem Tumordurchmesser von 2 cm findet sich palpatorisch oft eine Beteiligung der Lymphknoten mit schmerzloser Vergrößerung, Verhärtung und verminderter Beweglichkeit. Im weiteren Ablauf der späten, verschleppten, unbehandelten Tumorphase setzt sich das Wachstum expansiv oder diffus, mitunter multifokal wachsend weiter fort, so daß sich verschiedene klinische Erscheinungsformen ausbilden können. Es kann zu umschriebenen ulzerierenden Prozessen mit jauchigem, nässendem Zerfall der Tumormassen kommen. Bei krebsiger Infiltration der subkutanen und kutanen Lymphgänge kann eine dichte Aussaat metastatischer Tumorknoten der Haut resultieren, die als Cancer en cuirasse, als Krebspanzer bezeichnet wird.

Die weitgehende Schrumpfung der Mamma mit strahlenförmigen Vertiefungen und vollständiger Einziehung der Mamilla ist das charakteristische Merkmal der szirrhösen Form. Der Schrumpfungsprozeß greift schließlich auf den gesamten Drüsenkörper über, so daß nach vollständiger Atrophie des Fettgewebes eine steinharte, kleine, unregelmäßige, auf der Brustwand fest fixierte, höckrige Erhebung verbleibt.

Das inflammatorische Mammakarzinom als Sonderform wird durch einen massiven Einbruch von Tumorzellen, sowohl in subkutane dermale Lymphgefäße, als auch in die Blutbahn verursacht. Klinisch zeigt dieses Krankheitsbild gerötete, streifenförmige Bezirke der Haut, die sich in kurzer Zeit auf die gesamte Mamma ausdehnen. Die Mamma erscheint durch die ödematöse Schwellung insgesamt vergrößert, palpatorisch induriert. Hiervon abzugrenzen sind gerötete, indurierte knotenförmige Bezirke, die als Hautmanifestationen eines fortgeschrittenen Karzinoms gelten. Sie werden auch als Carcinoma erysipelatoides bezeichnet. Differentialdiagnostisch muß das inflammatorische Karzinom von allen sekundär entzündlichen Prozessen und abszedierender Formen der Brustdrüsenerkrankungen abgegrenzt werden (Mastitis, Mastitis non puerperalis, abszedierende Form des Papilloms). Die Seltenheit solcher Befunde außerhalb der Laktationsperiode macht die bioptische Abklärung bei persistierenden Entzündungsprozessen nach kurzfristiger Antibiotikatherapie oft unumgänglich.

Das in 95 % der Fälle einseitig auftretende Pagetkarzinom nimmt seinen Ursprung von den Ausführungsgängen und warzennahen Milchdrüsengängen und breitet sich sowohl auf die Haut der Mamilla, als auch intrakanalikulär deszendierend weiter aus. Die Erkrankung zeigt sich zu Beginn als ekzemartige, schuppende, rötliche Hautveränderung an der Mamillenspitze, die sich langsam auf die Areola ausdehnt. Das Ekzem kann sowohl nässend, als auch trocken sein, Blutungen sind meist auf mechanische Irritationen zurückzuführen. Typisch ist ein Juckreiz, mitunter findet sich auch eine Berührungsempfindlichkeit.

Differentialdiagnostisch muß diese Erkrankung stets von ekzematösen Hautveränderungen und von entzündlichen Erkrankungen der Mamilla und der Areola, die ganz ähnliche Hautveränderungen hervorrufen, abgegrenzt werden, wenn nötig ebenfalls bioptisch.

Eine ungewöhnliche Lokalisation des Mammakarzinoms ist der Befall der akzessorischen Milchdrüsen, welche sich von der Axilla abwärts entlang der sogenannten „Milchleiste" finden. Das sich an diesen Stellen selten entwickelnde Karzinom unterscheidet sich klinisch nicht von den üblichen Karzinomformen, es wird jedoch häufig in Folge der Lokalisation fälschlich als Lymphdrüsentumor gedeutet. Auch eine Verwechslung mit einem Lipom kommt vor.

Selten entstehen Karzinome in der Umgebung alter Probeentnahmestellen oder im Bereich exstirpierter, benigner Tumoren im Sinne eines Narbenkarzinoms. Die klinische Diagnose dieses Karzinoms bereitet insofern Schwierigkeiten, als daß das Gewebe nach dem operativen Eingriff längere Zeit derb fibrotisch umgebildet ist und sich ein neu entwickeltes Karzinom weder durch Inspektion, noch durch Palpation vom natürlichen Narbengewebe unterscheiden läßt.

Der doppelseitige Tumorbefall der Mamma wird in ca. 5–10 % der Fälle beobachtet. Er unterscheidet sich nicht von den bisher angeführten klinischen Tumorformen, macht aber die Notwendigkeit der genauen klinischen Untersuchung, sowie Nachuntersuchung der kontralateralen Mamma bei bereits diagnostiziertem oder bekanntem Karzinom einer Seite deutlich.

Bei fortgeschrittenen Karzinomformen, die meist die gesamte Axilla, sowie die Lymphknoten der Supraklavikularregion befallen haben, kommt es zum eindruckvollen Lymphödem der oberen ipsilateralen Extremität. Dasselbe Erscheinungsbild wird häufig als Folge der radikalen Mastektomie gesehen. Bei Auftreten eines Lymphödems der oberen Extremität ist differentialdiagnostisch stets ein Lymphknotenrezidiv mit Ausmauerung der hohen Anteile der Axilla und der Supraklavikularregion von dem Postmastektomiesyndrom abzugrenzen (Ultraschall). In seltenen Fällen entsteht auf dem Boden des Lymphödems auch ein Lymphosarkom.

Ein lokoregionales Rezidiv kann nach chirurgischer Therapie eines Mammakarzinoms im Bereich der Operationsnarbe oder ihrer näheren Umgebung auftreten. Zur zeitlichen Inzidenz ist festzuhalten, daß 80 % der Rezidive in den ersten zwei Jahren nach Primärtherapie auftreten. Nach Strahlenbehandlung kann sich dieser Zeitraum bis auf 3 Jahre verlängern. Klinisch zeichnet es sich durch eine lentikuläre Hautmetastasierung, ein Lymphödem, eine erysipeloidartige Rötung der Haut, oder durch einen ulzerierenden Prozeß aus. Das postoperative regionäre Lymphdrüsenrezidiv ist meist Folge zurückgelassener karzinombefaller Lymphknoten und imponiert klinisch wie die metastatisch befallenen Lymphknoten des Primärtumors.

6. Diagnose

6.1 Mammographie

Durch die Einführung der Mammographie ist es möglich geworden, frühere Stadien des Brustkrebses zu entdecken, noch bevor sie der Tastuntersuchung zugänglich sind. Auf Grund der Diskussion über die Krebsinduktion von Mammographien haben Expertenkommissionen sowohl in Deutschland, als auch in Österreich folgende Richtlinien erarbeitet:

1. *Bei Frauen mit verdächtigen Veränderungen der Brust sollte umgehend eine Abklärung durch Mammographie und weitere entsprechende Maßnahmen erfolgen.*
2. *Bei Frauen ohne verdächtige Veränderungen soll ab dem 40. Lebensjahr eine Vorsorgeuntersuchung durchgeführt werden, und zwar in 2-jährigen Intervallen. Ab dem 50. Lebensjahr können 1-jährige Intervalle eingehalten werden, falls es ärztlicherseits für erforderlich gehalten wird.*
3. *Bei Frauen mit erhöhtem Brustkrebsrisiko ist die Mammographie auch in jüngeren Altersgruppen, bzw. mit kürzeren Intervallen angezeigt. Dies gilt für Frauen mit einer Krebserkrankung der anderen Brust, oder die auf Grund eines familiären Risikos gefährdet erscheinen.*
4. *Eine Basismammographie kann als einmalige Untersuchung etwa ab dem 35. Lebensjahr vorgenommen werden. Sie kann bei späteren Untersuchungen als Vergleich dienen.*
5. *Der untersuchende Arzt muß über ausreichende Erfahrung in der Durchführung und Ausfertigung der Mammographie verfügen, außerdem sind die Qualitätskontrollen zur Überprüfung der apparativen-technischen Bedingungen erforderlich.*

Reihenuntersuchungen in verschiedenen Ländern in Europa im Sinne eines Screeningprogrammes haben gezeigt, daß bis zu 50 % der mammographisch entdeckten Malignome okkulte Malignome waren, mit entsprechend geringer Größe und Metastasierungsrate, die bei einer einfachen klinischen Untersuchung nicht nachweisbar waren.

Ein von der Filmmammographie unterschiedliches Verfahren ist die *Xero-Radiographie*, mit der sich Dosiseinsparungen von bis zu 50 % realisieren lassen. Wegen der Störanfälligkeit des gesamten Systems konnte sich in Europa dieses Verfahren in größerem Maßstab bisher nicht durchsetzen.

Die *Pneumozystographie* zur Unterscheidung einer Mammazyste, eines Fibroadenoms, oder eines Karzinoms ist seit der Einführung der Sonographie in die Mammadiagnostik nicht mehr in jedem Fall erforderlich. Allerdings ist die Mammasonographie manchmal nicht präzise genug, um pneumozystographisch darstellbare Verhältnisse ausreichend zu beurteilen. Daneben hat die Pneumozystographie noch einen therapeutischen Effekt, da sich die mit Luft gefüllten Zysten zu 90 % zurückbilden. Diese Luftfüllung ist allerdings auch bei sonographisch diagnostizierten Zysten möglich.

Die *Galaktographie*, die Kontrastmitteldarstellung der Milchgänge, ist bei allen Formen einer pathologischen Sekretion aus der Mamilla, vor allem wenn sie einseitig ist, indiziert. Eine pathologische Mamillensekretion liegt vor, wenn sie außerhalb der Gravidität und die Laktation vor allem einseitig auftritt. Es hat sich gezeigt, daß in weit über 90 % der Fälle bei pathologischer Sekretion aus der Mamilla eine gutartige Erkrankung vorliegt. Ei-

nige typische Bilder in der Mammographie sind die sogenannten Krebs-
füßchen beim szirrhösen Karzinom im Sinne eines stern oder strahlenförmigen Mammographiebefundes oder die verstreut und in Gruppen liegenden Mikroverkalkungen beim intraduktalen Karzinom.
Die Echomammographie oder der ***Ultraschall*** der Brust ist zwar kein Ersatz für die Mammographie, aber eine wertvolle Ergänzung. Folgende Vorteile sind zu nennen:

1. Die Zystendiagnostik und die Zystenpunktion gelingt zu fast 100 %.
2. Solide, echoarme Tumoren in der Mamma sind ab einer durchschnittlichen Größe
   von 5 mm mit geeigneter Technik zu erkennen.
3. Die parenchymreiche Mamma, die in der Röntgendiagnostik homogen dicht ist und
   keine differenzierte Diagnostik zuläßt, stellt für die Sonographie kein Problem dar.
4. Ultraschall ist im Diagnostikbereich als unschädlich zu betrachten.
5. Durch die Sonographie wird die Röntgenmethode auf Grund anderer physikalischer
   Gegebenheiten sinnvoll ergänzt.
6. Es bestehen keine Vorurteile gegen die Methode in der Bevölkerung.

Bei weiterer technischer Entwicklung der Ultraschallgeräte und speziellem
Training der Untersucher ist eine noch weitere Verbreitung der Methode
zu erwarten. Eine sinnvolle Kombination von Röntgen und Ultraschall erhöht die Treffsicherheit bei malignen Tumoren auf 97 % und bei benignen
Tumoren auf 95 %.

Eine palpable, oder mit Ultraschall lokalisierte Zyste soll unter sterilen
Bedingungen punktiert werden. Unter einem Zystendurchmesser von 1,5
cm erscheint eine Punktion wenig sinnvoll. Eine Lokalanästhesie ist nicht
nötig. Der Zysteninhalt wird aspiriert und einer zytologischen Untersuchung zugeführt. Die entleerte Zyste wird anschließend mit Luft gefüllt.
Danach erfolgt eine neuerliche Untersuchung zur Darstellung der Zysten-
wände. Rezidive können bis zu zweimal punktiert werden. Ist die Zysten-
wand glatt, liegen in der Umgebung der Zyste keine Knotenbildungen vor,
zeigt eine Kontrolle nach drei Monaten eine vollständige Rückbildung,
und ist das Zystenpunktat zytologisch unverdächtig, ist keine operative Entfernung der Zyste notwendig. Die Notwendigkeit der operativen Zystenex-
stirpation ist auf unter 1 % gesunken.

6.2 Punktionszytologie

Die Punktionszytologische Untersuchung ist Bestandteil der „**Tripeldiagno-
stik**". Darunter versteht man die **Kombination von klinischer Untersuchung,
Mammographie, Ultraschall und Zytologie.** Die Tripeldiagnostik hat in den
Händen erfahrener Untersucher eine Treffsicherheit von über 95 %.

Es werden in der Regel tastbare Veränderungen der Brustdrüse punktiert. Nur mammographisch lokalisierbare, aber nicht tastbare Veränderungen können stereotaktisch punktiert werden.

Die punktionszytologische Untersuchung vergrößerter axillärer Lymphknoten oder Tumoren in der Brust, ermöglicht eine präoperative Stadien-

einteilung. Die Punktionszytologie hat ihren Einsatzort auch in der Diagnostik von lokalen Rezidiven, besonders auch nach Strahlenbehandlung.

Der Eingriff kann ambulant durchgeführt werden und ist schmerzlos und somit wiederholbar. Die punktionszytologische Diagnose ist eine wesentliche Ergänzung des mammographischen Befundes. Die Indikationsstellung zu Operation und Operationsplanung wird durch eine zytologische Diagnose erleichtert. Bei Nachweis eines Karzinoms kann die Patientin präoperativ umfassend aufgeklärt werden. Folgende Nachteile stehen dem gegenüber: der Prozentsatz falsch negativer Befunde beträgt durchschnittlich 10–15 %. Auch ein positiver Befund erspart in den meisten Fällen nicht die operative und die histologische Abklärung. Außerdem gibt es eine falsch positive Rate von ca. 5–10 % bei gutartigen Brustdrüsenveränderungen.

6.3 Tumorlokalisation

Die Exstirpation einer mammographisch oder sonographisch verdächtigen Veränderung, die sich dem Palpationsbefund entzieht, macht eine bioptische Abklärung notwendig, setzt jedoch eine exakte präoperative Lokalisation voraus.

Mit Hilfe einer modernen stereotaktischen Lokalisationstechnik lassen sich am verdächtigen Gewebebezirk sowohl Punktionen, als auch Nadelbiopsien mit Gewinnung von histologischem Material durchführen. Mit Hilfe der stereotaktischen Lokalisation läßt sich ein verdächtiger Gewebebezirk auch mit Farbstoff markieren. Auch Führungsdrähte mit Widerhaken oder schraubenförmigen Enden lassen sich im verdächtigen Gewebe fixieren. Bei sezernierender Mamilla läßt sich der entsprechende Milchgang mit Hilfe einer Kanüle ebenfalls anfärben. Der Operationserfolg kann durch intraoperative Präparatmammographie kontrolliert, und durch den intraoperativen Schnellschnitt bestätigt werden. Auf jeden Fall sollte postoperativ (2 Monate) eine Kontrollmammographie durchgeführt werden.

6.4 Kernspintomographie

Die Kernspintomographie findet erst ansatzweise in die Mammadiagnostik Eingang. Auf Grund des hohen zeitlichen und finanziellen Aufwandes wird sie in absehbarer Zeit nicht als Screeningmethode eingesetzt werden können. Zur Abklärung von Rezidivfällen oder bei komplizierten Diagnosestellungen dient sie jedoch bereits jetzt als Ergänzungsmethode.

6.5 Thermographie

Die Thermographiemethoden eignen sich nicht zum Screening und sind in ihrer Treffsicherheit der Mammographie vor allem bei kleinen Tumoren deutlich unterlegen.

7. Therapie

7.1 Operative Therapie

Die Halsted'sche Hypothese von der schrittweisen Ausbreitung des Mammakarzinoms hat sich nicht bestätigt, das Mammakarzinom gilt sehr früh als systemische Erkrankung. **Die Art und Radikalität der operativen Therapie ist für die Überlebenszeit nicht von entscheidender Bedeutung.** Die Radikaloperation nach Rotter-Halsted wird aus den oben genannten Gründen heute nur mehr ganz selten bei lokal weit fortgeschrittenen Mammakarzinomen ausgeführt.

Die modifiziert radikale Mastektomie (Patey) bedeutet die Entfernung des gesamten Brustdrüsenkörpers unter Mitnahme der Fascia pectoralis, der interpectoralen Lymphknoten, des Musculus pectoralis minor und der axillären Lymphknoten im Level I–III, das heißt bis in den Apex der Axilla. Ohne Entfernung des musculus pectoralis minor oder bei nur partieller Entfernung nennt man das Verfahren Auchincloss-Operation.

7.1.1 Operationstechnik

Lagerung: In Rückenlagerung bei abduziertem Arm, wenn möglich bei mobiler Lagerung des Armes.
Tumorexstirpation: Die Schnittführung soll derart gewählt sein, daß die Tumorektomiestelle bei der allfälligen Mastektomie mitentfernt werden kann. Die eher großzügige Incision bei begründetem Malignitätsverdacht soll eine Manipulation am Tumor weitgehend vermeiden. Auf jeden Fall Durchführung eines Schnellschnittes und Durchführung einer Rezeptoranalyse (Östrogen-, Progesteron-rezeptor).

Nur wo diese Voraussetzungen gegeben sind, sollten Mammaoperationen durchgeführt werden. Seit einiger Zeit ist auch eine Rezeptoranalyse am Schnittpräparat möglich (ERICA-Test, PRICA-Test). Schon bei der Tumorexstirpation soll die Entfernung makroskopisch im Gesunden erfolgen. Bei zweifelhaftem Gefrierschnittbefund definitive Histologie abwarten, das heißt zweizeitiges Verfahren durchführen.
Mastektomie: Anzustreben ist eine quere, bzw. leicht schräge transversale Schnittführung. Der Hautschnitt sollte einen Sicherheitsabstand von 2 cm von der Tumorektomieinzision aufweisen.
Bildung dünner Hautlappen (max. 5–10 mm) mit folgenden Grenzen: medial Sternum Mitte, kranial – Clavikula, kaudal – Oberrand der Rektusscheide.

Vermeidung von Traumatisierung der Hautränder (Wundrandnekrosen), Ablösen des gesamten Drüsenkörpers unter Mitnahme der Pectoralfascie und des axillären Fortsatzes der Mamma. Die modifiziert radikale Mastektomie war bis vor wenigen Jahren das Verfahren der Wahl. In den letzten Jahren geht ihre Anwendung durch den vermehrten Einsatz brusterhaltender Verfahren zurück.

7.1.2 Axilladissektion

Die Axilladissektion kann entweder vom Mastektomieschnitt, oder bei brusterhaltenden Verfahren von einem getrennt liegenden Schnitt in der Axilla ausgeführt werden. Musculus pectoralis maior und minor werden hochgehalten, der Musculus pectoralis minor kann auch durchtrennt werden. Nach Darstellung des Unterrandes der vena axillaris (über die vena axillaris hinaus sollte nicht höher hinaufpräpariert werden) wird das gesamte Lymphknotenfettgewebe unterhalb der Vene bis in den Apex axillae auspräpariert. Getrennt bezeichnetes Einsenden der Lymphknotengruppen zur Histologie. Schonung des Nervus thoracikus longus, thorakodorsalis, sowie des nervus pectoralis medialis et lateralis (Muskelatrophie des musculus pectoralis maior). Schonung der thorakodorsalen Gefäße für einen späteren myokutanen Latissimus-dorsi-Lappen für die Rekonstruktion. Es sollten mindestens zehn Lymphknoten aus der Axilla entfernt werden.

7.1.3 Postoperative Redon- und Saugdrainage vom Musculus Pectoralis Maior und aus der Axilla

Die Drainagen einige Tage (5–7) belassen, um postoperative Serome möglichst zu vermeiden. Postoperativ leichter Kompressenverband.

7.1.4 Postoperative Phase

Sofort Bewegungsübungen des Armes nach Anleitung mit Heilgymnastik. Die Infektionsgefahr bei Mammakarzinomoperationen ist erstaunlich gering, trotzdem sollten die Drains nicht zu lange liegen. Serome in der Axilla oder subkutan können einfach abpunktiert werden.

7.1.5 Brusterhaltende Operationen

Der Anteil an brusterhaltenden Operationen hat in den letzten Jahren bis 70 % zugenommen.

Indikationen:
Tumordurchmesser kleiner als 3 cm (bei extrem großer Brust auch mehr)
Brust-Tumorrelation günstig
Keine Multizentrizität
Möglichkeit der adjuvanten Hochvolttherapie der Restbrust
Ausreichendes kosmetisches Ergebnis
Wunsch der Patientin
Klinisch negative Axilla

Klinisch positive Axillaknoten sind nicht als absolute Kontraindikation anzusehen, vor allem dann nicht, wenn postoperativ bei sorgfältiger Lymphonodektomie das Abflußgebiet infra- und supra-klavikulär bestrahlt wird.

7.1.5.1 Operative Technik

Bei nicht palpablem Tumor großzügige Exstirpation des tumortragenden Gewebebezirkes nach vorausgehender mammographischer Markierung des verdächtigen Areals (gefärbtes Kontrastmittel, Metalldraht). Die Exstirpation soll mit einem gesunden Sicherheitssaum von mindestens 0,5 cm erfolgen. Ist dies nicht gewährleistet, so ist eine Nachresektion unbedingt erforderlich. Bei positivem Gefrierschnitt wird die Axilladissektion durch eine gesonderte Inzision durchgeführt.

7.1.5.2 Bei palpablem Tumor

Inzision der Haut unter Mitnahme von über dem Tumor liegendem Hautgewebe bei oberflächlichem Tumor. Bei tiefliegendem Tumor keine Mitnahme von Haut. Inzision der Haut der Mamma möglichst entsprechend der Spaltenrichtung. Vorsichtige Exstirpation des Tumors mit Einhaltung eines 1 cm breiten Sicherheitsabstandes. Markierung des Tumors nach seiner Richtung für den Pathologen. Diese großzügige Tumorexstirpation wird entweder als Quadrantenresektion oder Segmentresektion ausgeführt. Anschließend wird durch gesonderte Inzision die Axilla disseziert. Die getrennten Wundhöhlen werden mit Redon-Drain versorgt. Genaue, sorgfältige Blutstillung (Hämatomgefahr).

Die gesamte Überlebenszeit bei radikal operierten, modifiziert radikal operierten und brusterhaltend operierten Patientinnen ist nach groß angelegten randomisierten Studien über einen langen Beobachtungszeitraum (mehr als 10 Jahre) völlig gleich! Die postoperative Nachbestrahlung der brusterhaltend operierten Patientinnen ist jedoch unbedingt erforderlich, um die Lokalrezidivrate zu vermindern. Aber auch Lokalrezidive bei brusterhaltend operierten Patientinnen haben keinen negativen Einfluß auf die Überlebenszeit.

7.1.6 Operatives Vorgehen bei duktalen Karzinomen in situ (DCIS) und lobulären Karzinomen in situ (LCIS)

Es bestehen keine einheitlichen durch randomisierte Studien abgesicherten Richtlinien. Andererseits gibt es auch bei scheinbar in situ befindlichen Karzinomen bereits Lymphknotenmetastasen (1–3 %). Das Vorgehen sollte prinzipiell nach den gleichen Richtlinien erfolgen wie beim invasiven Karzinom. Es muß jedoch abhängig sein von der Größe des Karzinoms und von der Multizentrizität und/oder Bilateralität. Aus diesem Grund reichen die Empfehlungen von abwartendem Verhalten ohne Zusatztherapie bei kleinsten Läsionen bis 0,5 cm, welche weit im Gesunden entfernt wurden, bis zur Empfehlung der unilateralen oder gar bilateralen Mastektomie bei Multizentrazität oder gar Bilateralität. Auf jeden Fall müssen Patientinnen nach operierten in situ Karzinomen kurzfristig klinisch und mammographisch kontrolliert werden.

7.1.7 Plastische Rekonstruktion nach Mastektomie

1. Simultane Rekonstruktion in einer Sitzung nach durchgeführter Mastektomie.
2. Synchrone Konditionierung unter Einsatz eines Expandersystems. Subpektorale Implantation des Expanders und schrittweises Auffüllen desselben über mehrere Wochen und Monate bis zur gewünschten Größe. Danach Ersatz des Expanders durch die endgültige Prothese. Vorteil ist die schrittweise Dehnung der Haut.
3. Zweizeitiger rekonstruktiver Aufbau nach Monaten bis Jahren unter Verwendung eines gestielten Lappens (Latissimus dorsi-Muskellappen, musculus rectus abdominis Lappen).

7.2 Adjuvante Therapie (Zusatztherapie nach Operationen mit kurativer Zielsetzung)

7.2.1 Strahlentherapie

Das Ziel der Strahlentherapie ist die Verminderung der Lokal- und Regionalrezidive. Ein Einfluß der Bestrahlung auf die Überlebenszeit ist nicht gesichert. **Brusterhaltende Operationen sollten nur in Kombination mit postoperativer Hochvolttherapie durchgeführt werden.**

7.2.1.1 Radiotherapie nach brusterhaltenden Operationen

Empfohlene Dosierung: 50 Gy in 5–6 Wochen auf die gesamte Brust und Aufsättigung des ehemaligen Tumorbettes mittels Elektronenboosts oder interstitieller Applikation von Radionukleiden mit 10–15 Gy. Bei gleichzeitger Chemotherapie wird die sogenannte Sandwichtechnik angewandt (Chemotherapie, danach Radiotherapie, danach restliche Chemotherapie).

Bei medialem und zentralem Tumorsitz ist die Bestrahlung der parasternalen und supraklavikulären Lymphknoten empfehlenswert. Bei positiven axillären Knoten sollten die supraklavikulären Lymphknoten auch bei lateralem Tumorsitz bestrahlt werden.

7.2.1.2 Radiotherapie nach Patey-Operationen

Empfohlene Dosis nach erfolgter Wundheilung 50 Gy in 5–6 Wochen. Bei negativen axillären Knoten und lateralem Tumorsitz ist eine lokale Bestrahlung nicht empfehlenswert. Bei positiver Axilla im Level III ist die Bestrahlung der supraklavikulären Lymphknoten angezeigt. Beim medialen oder zentralen Tumorsitz ist die Bestrahlung der parasternalen und supraklavikulären Lymphknoten empfehlenswert.

7.2.1.3 Voraussetzungen für die Radioonkologie

Megavoltbestrahlung (Telekobalt, Protonen) mittels CT-unterstützter Therapieplanung. Tangentiale Bestrahlung unter Schonung von Herz, Knochenmark und Lunge.

Adäquate Boostertechnik mit Elektronen oder interstitieller Applikation von Radionukleiden (Brachytherapie).
Adäquate Dosierung auf die Restbrust (inklusive Boost) und der Thoraxwand mit 50 Gy über 5 Wochen (zusätzlich 10–15 Gy Boost).

7.2.2 Adjuvante Hormontherapie

Allgemeine Empfehlungen:
Voraussetzung für jede adjuvante Therapie ist das Vorliegen von Hormonrezeptoren aus dem Tumorgewebe. Eine weitere Voraussetzung ist die Kenntnis des Tumorgradings und des Lymphknotenstatus. Das postoperative Intervall soll 3 Wochen nicht überschreiten. Bei Kombination mit Bestrahlung Anwendung der Sandwichtechnik.
Gesicherte Empfehlungen zur adjuvanten Systemtherapie (Metaanalyse 1991):
Gesicherte Studien liegen über die Verwendung von Antiöstrogenen (Tamoxifen) vor. Gonadotropinhemmer und Aromatasehemmer sind in klinischen Studien im Einsatz.
Frauen unter 50 (Prämenopause): **Tamoxifen** verlängert das rezidivfreie Intervall, jedoch nicht die Überlebenszeit. Auch bei rezeptorpositiver Patientin ist die Chemotherapie wirksam, allerdings sind die Ergebnisse bei rezeptornegativen Patientinnen besser.
Frauen über 50 (Postmenopause): Bei rezeptorpositiver Patientin ist unabhängig vom Tumorstadium und vom Lymphknotenstatus Tamoxifen als Standardtherapie empfehlenswert (20 mg/die über mindestens zwei Jahre, wenn möglich bis fünf Jahre). Tamoxifen bedingt sowohl eine Verlängerung des rezidivfreien Intervalls, als auch der Gesamtüberlebenszeit.

7.2.3 Adjuvante Chemotherapie

Verschiedene Chemotherapieschemata sind in klinischen Studien in Erprobung. Grundsätzlich sind Polychemotherapieschemata wirksamer als Monochemotherapieschemata.
Prämenopause: Unabhängig vom Tumorstadium und Rezeptorstatus ist die adjuvante Chemotherapie als Standardtherapie empfehlenswert (Kombinationsschema über 6 Monate). Verlängerung des rezidivfreien Intervalls und der Gesamtüberlebenszeit. Auch lymphknotennegative Patientinnen profitieren von dieser Therapie. Die Nebenwirkungsrate ist gering.
Postmenopause: Bei rezeptornegativen Patientinnen wirkt die Chemotherapie unabhängig vom Tumorstadium. Zumindest die Verlängerung des rezidivfreien Intervalls ist gesichert. Während früher lymphknotennegative Patientinnen nicht behandelt wurden, geht man heute dazu über, auch diese Patientengruppe adjuvant nachzubehandeln, so daß es kaum eine Patientin geben wird, welche ohne adjuvante Therapie bleibt.

7.3 Palliativtherapie

Oberste Zielsetzung jeder Palliativtherapie bei Patientinnen mit Mammakarzinom ist die Erhaltung der Lebensqualität mit möglichst geringen Mitteln unter konsekutivem Einsatz der vorhandenen Möglichkeiten.

7.3.1 Palliative Lokaltherapie

Palliative Operation
Durch den präoperativen Einsatz der Systemtherapie (Neoadjuvante Chemotherapie) hat die palliative Chirurgie wieder Bedeutung. Gelingt ein Down-Staging des lokal fortgeschrittenen Karzinoms, kann eine „kurative" Therapie möglich werden.

7.3.2 Palliative Radiotherapie

Einsatz der palliativen Radiotherapie vor allem bei Lokalrezidiv nach Patey-Operation ohne vorangegangene Radiatio: operative Entfernung des Tumors, danach Radiotherapie der Thoraxwand.
Bestrahlung ossärer Metastasen: Linderung metastasenbedingter Schmerzen, Festigung des Knochens.
Bestrahlung von zerebralen Metastasen: Beseitigung von Hirndruckzeichen.

7.3.3 Palliative Systemtherapie

Die palliative Systemtherapie richtet sich nach den Risikofaktoren, nach der Progredienz des Leidens und dem Ort und dem Zeitpunkt des Auftretens von Metastasen. Ziel ist die Lebensverlängerung unter Erhaltung der Lebensqualität.

7.3.3.1 Palliative Hormontherapie

Voraussetzungen: positive Hormonrezeptoren
                      Es sind lange rezidivfreie Intervalle (mehr als zwei Jahre) zu erreichen.
                      low-risk Metastasierung (Loko-regionär, ossär) geringe Progredienz

PRÄMENOPAUSALE PATIENTINNEN

Bei positiven Hormonrezeptoren und low-risk Metastasierung erster Therapieschritt mit Tamoxifen (eventuell auch Ovarektomie), GnRH-Analoga und Aromatasehemmer als zweiter und dritter Therapieschritt. Zusatz von hochdosierten Gestagenen (Medroxyprogesteron). Bei positivem Rezeptor und high-risk Metastasierung (viszeral, zerebral) kombinierte Hormon-Chemotherapie. Bei fehlender Remission auf primäre Hormontherapie Übergang auf Chemotherapieschema.

Postmenopausale Patientinnen

Bei unbekanntem oder positivem Rezeptorbefund primär Tamoxifentherapie. Als Second-line Behandlung nach vorangegangenem Ansprechen, oder bei Rezidiv mit positivem Rezeptorbefund Aromatosehemmer oder Gestagene. Bei fehlendem Ansprechen Übergang auf Polychemotherapie.

Häufigkeit der Metastasenlokalisation in % (Ergebnisse dreier Autopsiekollektive) (S. Hellman et al., 1982)

	n 160	43	100
Lymphknoten	72	–	76
Mamma	59	65	69
Leber	58	56	65
Knochen	44	–	71
Pleura	37	23	51
Nebennieren	31	41	49
Nieren	–	14	17
Milz	14	23	17
Pankreas	–	11	17
Ovarien	9	16	20
Hirn	–	9	22
Schilddrüse	–	–	24
Herz	–	–	11
Zwerchfell	–	–	11
Perikard	5	21	19
Darm	–	–	18
Peritoneum	12	9	13
Uterus	–	–	15
Haut	34	7	30

– = nicht angegeben bzw. nicht untersucht

Diagnostische Minimalprogramme zur Metastasensuche postoperativ und in der Nachsorge

1. Körperliche Untersuchung
2. Labor: BKS, Blutbild, alkalische Phosphatase, y-GT, Kalzium, CEA, CA 15-3
3. röntgenologische Thoraxuntersuchung
4. Skelettszintigraphie
5. Leber-Milz-Szintigramm/Sonographie oder Computertomogramm Abdomen
6. Mammographie

7.3.3.2 Palliative Chemotherapie

Bei: negativen Hormonrezeptoren
      kurzem metastasenfreiem Intervall (weniger als zwei Jahre)
      high-risk-Metastasierung (viszeral, zerebral)
      rascher Progredienz
      Hyperkalzämiesyndrom
      Versagen der initialen Hormontherapie

Hinweise zur Durchführung: Verwendung von Standardschemata wie z. B. CMF-Schema nach Bonadonna (Endoxan, Methotrexat, Fluorouracil) oder AC-Schema nach Salmon-Jones (Anthracyclin, Endoxan). Diese Therapie kann in den meisten Fällen ambulant durchgeführt werden. Prätherapeutische Blutbildkontrollen unbedingt erforderlich, ebenso wie Kontrolle von Leber und Nierenfunktion.

7.4 Therapie beim inflammatorischen Karzinom

Primär keine Mastektomie. Zunächst adjuvante Chemotherapie oder Strahlentherapie, nach vorausgegangener tiefer Biopsie mit Hautareal zum Nachweis des Karzinoms. Anschließend Polychemotherapie. Danach Mastektomie (Eventuell anschließend Radiotherapie), anschließend Weiterführung der Chemotherapie.

7.5 Positive Lymphknoten in der Axilla ohne nachweisbaren Primärtumor in der Mamma

Sollten sie histologisch eindeutig einem Mammakarzinom zuzuordnen sein, so sollte der laterale, kraniale Quadrant der gleichen Seite großzügig exzidiert, und die Etagen 1 + 2 der Axilla disserziert werden. Alle weiteren Maßnahmen gelten analog dem Vorgehen bei nodal positiven Patientinnen. Sind die Lymphknoten histologisch nicht der Mamma zuzuordnen, so ist weiter nach dem Primärtumor zu fahnden.

7.6 Schwangerschaft und Mammakarzinom

Grundsätzlich sind drei Situationen zu unterscheiden:

1. Schwangerschaft und Mammakarzinom: Nur 1–2 % aller Mammakarzinome treten bei unter 30-jährigen Frauen auf. Das Risiko der Mutter ist gegen das des Kindes abzuwägen. Grundsätzlich steht die operative Intervention an erster Stelle. Die Prognose eines Mammakarzinoms während der Schwangerschaft ist nicht schlechter als außerhalb der Schwangerschaft. Bedingt durch die Schwangerschaft kommt es jedoch häufiger zu einer Verschleppung der Diagnostik.
2. Schwangerschaft während der Therapie: Diese Situation muß vermieden werden. **Vor Einleitung jeglicher Therapieform ist die Frage der Antikonzeption zu lösen. Als Kontrazeptivum kommt in erster Linie das Intrauterinpessar oder das Kondom in Frage.**
3. Schwangerschaft nach behandeltem Mammakarzinom: Patientinnen mit metastasierendem, also inkurablen Mammakarzinom, ist von einer Schwangerschaft dringend abzuraten, auch wenn längere therapiefreie Intervalle bestehen.

Ist dagegen eine Generalisation nicht nachweisbar, oder zu erwarten (bei günstigen Prognosefaktoren) besteht keine Veranlassung, bei ausdrücklichem Kinderwunsch einer Schwangerschaft nicht zuzustimmen. Die Prognose des Karzinoms wird nicht ungünstig beeinflußt. Eine erhöhte Abortrate oder Nachteile für das Kind sind nicht bekannt. Wurden im Verlauf der Primärbehandlung Strahlen- oder Zystostatika verwendet, so bleibt ein gewisses Mutagenitätsrisiko bestehen, auf das die Eltern hingewiesen werden müssen. Eine genetische Beratung ist immer anzustreben. Aus Gründen der Tumorbiologie, aber auch aus soziologischen Gründen sollte mit der Realisierung eines Kinderwunsches mindestens drei Jahre nach Primärbehandlung zugewartet werden.

8. Nachsorge

Frauen, die an einem Mammakarzinom erkrankten, sind immer Risikopatientinnen. Eine lebenslange Nachsorge ist deshalb notwendig. Die Nachsorge hat folgende Ziele:
Den Behandlungserfolg sichern.
Eine therapieinduzierte Morbidität frühzeitig erfassen.
Rechtzeitige Behandlung von Folgezuständen der Primärtherapie.
Durchführung und Überwachung von Langzeittherapien (adjuvante Chemotherapie, Hormontherapie).
Frühzeitiges Erkennen von Rezidiven.
Präventives Ausschalten von Risikofaktoren.
Früherkennung von Folge- und Begleiterkrankungen (z. B. Zweitkarzinome).
Psychosoziale und berufliche Rehabilitation.
Die Voraussetzung für eine adäquate Nachsorge sind die Zuständigkeit der nachsorgenden Einheit und eine regelmäßige, vollständige Dokumentation.

8.1 Auf Metastasierung verdächtige Symptome

CEA-, oder CA 15-3-Anstieg, oder MCA-Anstieg
Lang andauernde Rückenschmerzen
Auftreten eines Lymphödems des Armes
Unklare, oft nur passagere Parästhesien und neurologische Symptome
Zunahme des Bauchumfangs (Leber, Aszites)
Leistungsabfall, Müdigkeit
Spannungsgefühl und Schmerzen in der verbliebenen Brust
Kopfschmerzen und neurologische Symptomatik
Ausgeprägte Wesensveränderungen
Heiserkeit (Recurrensparese)
Sprechstörungen
Verstärkte Venenzeichnungen im Bereich des Thorax und Abdomens
Lokale Hautrötungen
Zunahme des Halsumfangs
Schmerzen im Bereich des Schultergürtels

Neu aufgetretene und länger anhaltende Beschwerden sind so lange als metastatisch bedingt anzusehen, solange nicht das Gegenteil bewiesen ist.

8.2 Tumormarker

Als klinisch aussagekräftige Tumormarker haben sich beim Mammakarzinom nur das karzinoembryonale Antigen (CEA), CA 15-3 und das MCA bewährt. Das CEA ist allerdings auch bei Patientinnen mit benignen Brustdrüsenerkrankungen und Nikotinabusus erhöht. Erhöhung der Tumormarkerwerte werden insgesamt bei 50 % der Fälle gemessen, bei bereits erfolgten Metastasierung jedoch in 70 %.

Es besteht eine eindeutige Korrelation zwischen der Höhe der Tumormarker und dem Ausmaß der Metastasierung, sowie Malignität des Tumors.

Die regelmäßige Tumormarkerbestimmung eignet sich zur Verlaufskontrolle. Bei präoperativ erhöhten Werten besteht eine hoch signifikante Beziehung zwischen dem weiteren Verlauf der Ausscheidung und dem Verhalten des Tumors, dem Eintritt einer Remission oder einer Progression. Der Tumormarkeranstieg geht einer klinischen nachweisbaren Metastasierung häufig voraus. Als alleinige Screeningmethoden reichen die Tumormarkerbestimmungen jedoch nicht aus. Eine wesentliche Bedeutung kommt den Tumormarkerbestimmungen prä- und postoperativ zu. Fällt der Tumormarker postopertiv nicht ab, besteht erhöhte Rezidivgefahr. Ein erhöhter Tumormarker allein berechtigt in der Regel beim Mammakarzinom noch nicht zur Therapieeinleitung, sollte aber zu engmaschigeren Kontrollen Anlaß geben.

DIE HÄUFIGSTEN METASTASENLOKALISATION

Man unterscheidet vor allem Lymphknotenmetastasen, Weichteilmetastasen, Knochenmetastasen und Hautmetastasen (Tbl. nach Hellmann et al. 1982).

8.3 Diagnostisches Minimalprogramm zur Metastasensuche und Rezidivsuche postoperativ und in der Nachsorge

1. Klinische Untersuchung
2. Laboruntersuchung, Blutbild, Alkalische Phosphatase, Gamma GT Kalzium, Leberfunktionsproben.
3. Tumormarker CEA, CA 15-3, MCA
4. Röntgenologische Thoraxuntersuchung
5. Skelettszintigraphie
6. Leber-Milz-Sonographie
7. Mammographie

Weitere Untersuchungen nur gezielt bei Vorliegen von Leitsymptomen wie z. B.:

1. Röntgenologische Zielaufnahme szintigraphisch verdächtiger Skelettanteile, bzw. Computertomographie
2. Röntgenologische Zielaufnahmen szintigraphisch unverdächtiger Skelettanteile bei länger dauernden zunehmenden Schmerzen

3. Augenärztliche Untersuchung bei rascher Sehverschlechterung
4. Lumbalpunktion bei entsprechender Neurologischer Symptomatik.
    Gezielte Leberpunktion bei verdächtigem Lebersonogramm
5. CT des Gehirns bei entsprechender Symptomatik
6. Pleura-Aszites-Punktion zur zytologischen Sicherung.

Bezüglich der Häufigkeit von Kontrolluntersuchungen, hat in den letzten Jahren ein entscheidendes Umdenken stattgefunden. Nachdem nur ein geringer Prozentsatz von Metastasen durch die regelmäßigen physikalischen und bildgebenden Verfahren entdeckt wurde, ist man dazu übergegangen, diese wesentlich weniger häufig als früher anzuwenden.
Laboruntersuchungen können und sollen vierteljährlich durchgeführt werden, ebenso wie die klinische Untersuchung und das ärztliche Gespräch. Ein Skelettszintigramm ist höchstens einmal jährlich erforderlich, die Untersuchungen der Leber und das Thoraxröntgen sollen zumindest in den ersten drei Jahren halbjährlich durchgeführt werden. Auch eine Mammographie sollte in den ersten drei Jahren halbjährlich, später dann jährlich wiederholt werden.

8.4 Das Lokalrezidiv

Zwei Drittel aller Lokalrezidive treten innerhalb von zwei Jahren nach Operation des primären Mammakarzinoms auf. Es ist oft Ausdruck einer Generalisation. Zum Zeitpunkt der lokalen Manifestation und im unmittelbaren Anschluß daran werden bis zu 80 % Fernmetastasen nachgewiesen. Dies gilt nicht für Lokalrezidive nach brusterhaltenden Operationen.

Die adjuvante Chemotherapie senkt in gleicher Weise die Lokalrezidive, wie dies auch die postoperative Strahlentherapie vermag. Die prophylaktische, adjuvante Strahlentherapie hat jedoch keinen Einfluß auf die Gesamtüberlebensrate. Bei Auftreten eines Lokalrezidivs muß gezielt nach einer weiteren Metastasierung gefahndet werden.

Sind Fernmetastasen ausgeschlossen, ist in erster Linie die lokale operative Therapie mit Strahlenbehandlung indiziert, bei größerer Ausbreitung die Hormon- und/oder Chemotherapie oft in Kombination mit einer Strahlenbehandlung.

Eine besonders günstige Situation besteht, wenn in einem bereits strahlentherapeutisch vorbehandelten Areal nach einer ablativen Tumortherapie ein erneutes Tumorrezidiv auftritt. Da in diesem Fall die Strahlentherapie kaum mehr zum Einsatz kommen kann, wird am ehesten die chirurgische Sanierung in Kombination mit chemotherapeutischer und hormoneller Behandlung in Frage kommen. Schwierig ist manchmal die Frage zu klären, ob es sich bei einem Mammatumor um ein Zweitkarzinom, oder eine Metastase handelt.

Das Zweitkarzinom in der kontralateralen Brust (bilaterales Mammakarzinom) tritt simultan in 0,5–5 % der Fälle auf und sukzessär in 3,5–9 %. Es bevorzugt ältere Frauen. Häufig tritt es bei familiär belasteten Mammakarzinomträgerinnen auf. Eine im Vergleich zum Erstkarzinom unterschiedliche Histologie ist möglich. Die Therapie erfolgt wie beim Erstkarzinom.

Eine Metastase in der kontralateralen Brust findet man bei Erstkarzinom mit Lymphknotenmetastasen. Es bevorzugt jüngere Frauen und tritt vorzugsweise in den ersten fünf Jahren nach Primärbehandlung auf. Meistens finden sich mehrere Herde mit gleichartiger Histologie. Die Prognose ist schlecht, da es rasch zur Generalisierung kommt. Die Behandlung soll ausschließlich in einer Probeexstirpation bestehen.

8.5 Metastasierung im Zentralen Nervensystem

Bei Befall des ZNS kann eine adäquate und frühzeitige Behandlung zu Remissionen führen. Die Therapie besteht in einer Strahlenbehandlung oder Operation, vor allem wenn es sich um einzelne Herde handelt. Eine chemotherapeutische Vorbehandlung führt zu einer Reduzierung der Tumormassen, so daß die anschließende Strahlentherapie bessere Voraussetzungen findet.

8.6 Spezielle Komplikationen der Behandlung des Rezidivs

8.6.1 Lymphödem

Nach operativ und strahlentherapeutisch bedingter Unterbrechung der Lymphabflußbahnen, Venolen und Venen im Bereiche der Axilla, kann eine Schwellung des betroffenen Armes in unterschiedlichen Ausmaß auftreten. Die Häufigkeit des Lymphödems beträgt heute bei adäquater Operationstechnik sicherlich nicht mehr als 5 % (Nicht oberhalb der V. axillaris operieren!). Die Behandlungsmöglichkeiten sind äußerst gering und beschränken sich im wesentlichen auf die Prophylaxe:
Überbelastung des Armes vermeiden, häufiges Hochlagern des Armes (auch nachts).
Tragen einer elastischen Binde oder eines Armstrumpfes.
Keine engen Ausschnitte, keinen einschneidenden Armschmuck tragen.
Keine Blutdruckmessungen, Injektionen oder Blutabnahmen an der operierten Extremität (insbesondere keine Chemotherapieapplikation).
Besondere Vorsicht vor Infektionen (Gartenarbeit, Maniküre).
Kleinste Verletzungen der Hand und des Armes ernst nehmen.
Häufiges Ausstreichen des Armes und der Hand.

Eine effektive und auch in der Langzeitbehandlung erfolgreiche Therapie stellt die manuelle Lymphdrainage dar, welche schon unmittelbar postoperativ einsetzen soll und auch später in gewissen Abständen weitergeführt werden muß.

Jedes Lymphödem, das nicht in unmittelbarer Folge einer Operation oder Bestrahlung auftritt, ist hochverdächtig auf eine axilläre Metastasierung. Manuelle Lymphdrainagen sind dann kontraindiziert.

8.6.2 Hyperkalzämie

Tumorerkrankungen mit Knochenmetastasen, vor allem beim Mammakarzinom, sind häufige Ursache der Hyperkalzämie. Die erhöhte Kalziumfreisetzung ist meist direkt Folge der Knochenzerstörung durch Tumorzellen. Metastasierende Mammakarzinome verursachen die Hyperkalzämie zudem oft zu Beginn einer Antiöstrogenbehandlung. Jede unklare Hyperkalzämie muß eine Tumorsuche veranlassen. Die Symptome bestehen in Müdigkeit, Abgeschlagenheit und Gewichtsverlust, sowie Dehydratation. Es kommt zu Muskelschwäche und Verwirrtheit, Polyurie, Hypertonie mit Arythmien, sowie zur Niereninsuffizienz. Die Therapie besteht in einer Steigerung der Diurese, Biphosphonate.

8.6.3 Pathologische Frakturen

Diese beim fortgeschrittenen Mammakarzinom auftretende Komplikation weist gelegentlich zum ersten Mal auf eine Generalisation hin. Jede Fraktur bei einer Patientin mit einer Karzinomanamnese bedarf der histologischen Klärung. Die beste Prophylaxe ist eine konsequente Nachsorge. Bei bereits bekannter ossärer Metastasierung sollte bei Frakturgefährdung frühzeitig eine stabilisierende Strahlentherapie eingeleitet werden. Bestehen mehrere frakturgefährdete Lokalisationen und sind hormonelle Maßnahmen nicht indiziert, so ist die zytostatische Behandlung ohne strahlentherapeutische bedingte Unterbrechung vorzusehen. Liegt bereits eine Fraktur vor, gilt die operative Fixierung mit anschließender systemischer Behandlung als Therapie erster Wahl (Hormon und/oder Zytostatikatherapie).

8.6.4 Obere Einflußstauung

Einer oberen Einflußstauung liegt eine Behinderung des venösen Blutstromes im Bereich der oberen Hohlvene durch Kompression von außen durch maligne Mediastinaltumoren, bzw. Hilusdrüsenmetastasen zugrunde. Die Therapie besteht in der Bestrahlung, wenn möglich in Kombination mit anschließender Chemotherapie, sowie der Gabe von Corticoiden und Antikoagulantien.

8.6.5 Maligne Pleuraergüsse

Maligne Pleuraergüsse sind typisch für das metastasierende Mammakarzinom. Die Diagnose beruht auf dem Thoraxröntgen und einer Probepunktion mit entsprechender Flüssigkeitsanalyse. Als Therapie kommt je nach Ausmaß des Ergusses die Sauerstoffzufuhr und die lokale Instillation von Zytostatika oder Tetracyklinen in Frage. Allerdings können diese lokalen Maßnahmen keineswegs die systemsische Therapie ersetzen.

8.7 Schmerztherapie

Bei rechtzeitiger Analgetikagabe werden weniger und schwächere Pharmaka benötigt. Die Verwendung von Analgetika mit bekannten und kalkulierbaren Risken, sowie die Auswahl und Dosis richten sich nach der Prognose und der zu erwartenden Lebensdauer und den individuellen Bedürfnissen. Auch mit Morphinpräparaten soll nicht unnötig lange zugewartet werden. Die orale Applikation ist der intravenösen vorzuziehen (Unabhängigkeit vom Arzt). Neben der medikamentösen Schmerztherapie können sowohl die Strahlentherapie zur palliativen Schmerzbestrahlung bei ossärer Metastasierung, oder neurochirurgische Maßnahmen, wie stereotaktische Eingriffe, sowie Eingriffe an den Schmerzbahnen, als auch regionale Anästhesien und Neurolysen im Bereich des Rückenmarks und der betroffenen Extremitäten eingesetzt werden. Bei Knochenmetastasen Einsatz von Biophosphaten.

9. Brustrekonstruktion

Grundsätzlich sollten alle Frauen, die sich einer Mastektomie unterziehen müssen, über die Möglichkeiten der Brustrekonstruktion informiert werden. Eine Beeinflussung des Krankheitsverlaufes oder eine Erschwerung der postoperativen Nachsorge findet durch rekonstruktive Maßnahmen nicht statt.

Für die Durchführung einer rekonstruktiven Operation ist in erster Linie der Wunsch und Wille der Patientin ausschlaggebend. Sie soll und kann unabhängig vom Tumorstadium und der Prognose durchgeführt werden. In den meisten Fällen wird die Rekonstruktion erst nach Abschluß der Primärtherapie, also frühestens nach einem halben Jahr, durchgeführt. In günstig gelagerten Fällen oder auf ausdrücklichen Wunsch der Patientin, ist jedoch auch die sofortige Rekonstruktion mit guten Ergebnissen durchführbar. Für die Rekonstruktion kommt sowohl körperfremdes Material (Expanderprothese, Gelprothese) zum Einsatz, als auch körpereigenes Material, entweder aus dem Rücken oder dem Bauchgebiet der Patientinnen (Latissimus dorsi Lappen, Rektus abdominis Lappen). Die Rekonstruktion wird von der Krankenkasse bezahlt.

Hormonsubstitution bei Patientinnen mit gynäkologischen Malignomen nach der Primärbehandlung

Nach beidseitiger Ovarektomie im Rahmen der chirurgischen Behandlung oder einer Strahlentherapie mit Verlust der Ovarialfunktion kommt es bei Patientinnen mit gynäkologischen Malignomen häufig zum Auftreten von schweren hormonellen Ausfallserscheinungen. Sie umfassen Hitzewallungen, nächtliches Schwitzen, Schlaflosigkeit, Reizbarkeit, Müdigkeit, Depression und Genitalatrophie. Berichte aus den 70-er Jahren über ein angeblich erhöhtes Endometriumkarzinom-Risiko bei Patientinnen unter Östrogen-Substitution haben dazu geführt, daß eine Östrogensubstitution nach Malignombehandlung nicht oder nur selten verschrieben wurde. Andererseits ist es bekannt, daß eine Östrogensubstitution wesentlich zur Prävention von Osteoporose und kardiovaskulären Erkrankungen beiträgt. Aus einem Östrogenmangel lassen sich Folgeerscheinungen wie Schenkelhalsfraktur, Herzinfarkt oder zerebraler Insult ableiten. Bei noch erhaltenem Uterus läßt sich ein geringes Risiko für das Auftreten eines Endometriumkarzinoms nicht ausschließen. Jedoch ist der Nutzen der Östrogene im Hinblick auf die Prävention einer Osteoporose und kardiovaskuläre Erkrankungen deutlich höher als ihr potentiell karzinogener Effekt.

1. Endometriumkarzinom

In einer Untersuchung von Creasman an 221 Patientinnen nach Therapie eines Endometriumkarzinoms im Stadium I erhielten 47 Patientinnen wegen klimakterischer Beschwerden postoperativ eine Hormonsubstitutionsbehandlung mit Östrogenen. Die übrigen Patientinnen erhielten keinerlei Hormontherapie. Nach einer Beobachtungszeit von mehr als 5 Jahren zeigte sich bei jenen Patientinnen, die Östrogene erhielten, eine Rezidivrate von 2,1 %. Diese war im Vergleich zum übrigen Kollektiv, in dem Rezidive mit einer Häufigkeit von 14,9 % auftraten, signifikant geringer. Beide Patientenkollektive unterschieden sich bezüglich der relevanten Prognosefaktoren nicht. Sicherlich bedarf diese retrospektive Untersuchung noch der

Bestätigung durch prospektive Studien, jedoch kann bereits zum heutigen Zeitpunkt festgestellt werden, daß eine Kontraindikation gegen eine Hormonsubstitution nach Behandlung eines Endometriumkarzinoms nicht mehr gerechtfertigt erscheint.

2. Mammakarzinom

Die meisten Studien haben gezeigt, daß die Prognose von Patientinnen, die nach Behandlung eines Mammakarzinoms eine Östrogensubstitution wegen Ausfallserscheinungen erhalten hatten, sich von jener bei Frauen mit vergleichbaren Risikofaktoren, die keine Östrogene erhielten, nicht unterscheidet oder sogar günstiger ist. Dieser Effekt soll bei einer Kombinationsbehandlung von Östrogenen und Gestagenen besonders ausgeprägt sein. In früheren Jahren wurde empfohlen, eine Schwangerschaft nach der Behandlung eines Mammakarzinoms nicht auszutragen. Man befürchtete die der Schwangerschaft entsprechend hohen Östrogenspiegel. Heute weiß man, daß das Rezidivrisiko bei Schwangerschaft nicht erhöht ist. Es besteht daher nach dem derzeitigen Wissensstand gegen den Einsatz einer Kombinationsbehandlung mit konjugierten Östrogenen und Gestagenen kein begründeter Einwand.

3. Karzinome des Ovars, der Tube, der Zervix, der Vagina und der Vulva

Diese Tumorarten stellen nach neuen Erkenntnissen keine Kontraindikation für eine Substitution mit Östrogenen dar.

4. Schlußfolgerungen

Im allgemeinen scheint bei postmenopausalen Patientinnen mit gynäkologischen Malignomen nach erfolgreicher Primärbehandlung und Hysterektomie eine Substitution mit konjugierten Östrogenen in einer Dosis von 0,625 mg pro Tag ausreichend zu sein. Bei prämenopausalen Frauen kann unter Umständen die doppelte Dosis notwendig sein, um die klimakterischen Ausfallserscheinungen zu unterdrücken.

Klimakterische Ausfallserscheinungen können teilweise auch mit Gestagenen allein beherrscht werden, jedoch sind Östrogene gerade zur Prävention einer sexuellen Dysfunktion im Rahmen der Genitalatrophie notwendig. Bei Patientinnen mit belassenem Uterus ist eine zyklusgerechte Kombinationsbehandlung mit Östrogenen und Gestagenen indiziert. Hier bietet sich eine kontinuierliche Behandlung mit 0,625 mg konjugiertem Östrogen + 10 mg Medrogeston, bzw. 5 bis 10 mg Medroxyprogesteronazetat jeweils vom Tag 16 bis 28 an. Die letztgenannten Gestagene sind zu bevorzugen, da sie den günstigen Effekt von Östrogenen auf den Lipidstoffwechsel nicht negativ beeinflussen. Als Nebenwirkung dieser zyklischen Behandlung ist eine Abbruchsblutung zu erwarten.

Bei Patientinnen mit gynäkologischen Malignomen kann nach Abschluß der Primärbehandlung und dem klinischen Nachweis von Tumorfreiheit eine Hormonsubstitution lebenslang erfolgen. Die Lebensqualität dieser Patientinnen wird damit subjektiv und objektiv positiv beeinflußt.

Tumornachsorge

1. Allgemeines

Die Nachsorge nach gynäkologischer Malignombehandlung beginnt mit dem Abschluß der Primärtherapie. Ihr Ziel ist es, die Heilung, bzw. die möglichst lange Erhaltung einer guten Lebensqualität zu fördern. Die besonderen Aufgaben einer qualifizierten Nachsorge sind: Die Sicherung des Behandlungserfolges der Primärtherapie, die Behandlung der durch die Primärtherapie bedingten Nebenerscheinungen und Therapieerfolgen mit entsprechender Beratung, die Diagnose und Therapie von Zweiterkrankungen mit Einfluß auf die Prognose des Primärleidens (damit sind in erster Linie Zweitkarzinome und innere Erkrankungen gemeint). Letzlich soll die Nachsorge eine ausreichende psychologische Betreuung der Patientin gewährleisten.

Jede Tumorpatientin ist auch nach optimaler Primärbehandlung als potentielle Rezidivträgerin anzusehen. Ihr weiteres Schicksal wird in erster Linie durch das Ausbleiben oder das Auftreten neuer Krankheitsherde bestimmt. Deren rechtzeitiges Erkennen kann die Prognose der rezidivierenden Erkrankung wesentlich beeinflussen. Unter Nachsorge im Sinne von Rückfallprävention ist daher ein konsequentes und manchmal spezielles diagnostisches Vorgehen zu verstehen, dessen Effizienz durch den engen Kontakt und die interdisziplinäre Zusammenarbeit aller in die Nachsorge involvierten Gruppen gewährleistet sein muß. Desgleichen bedarf es einer ausreichenden Mitarbeit und Behandlungsbereitschaft der Patientin, die für die vorgesehenen Maßnahmen, insbesondere die Kontrolluntersuchungen, das nötige Verständnis aufbringen sollte.

Die Nachsorge ist als Gemeinschaftsaufgabe der niedergelassenen Ärzte und Fachärzte und der Krankenhäuser zu verstehen, wobei das Primat bezüglich der Frage der Indikation und der richtigen Auswahl, sowie der zeitlichen Aufeinanderfolge diagnostischer und therapeutischer Maßnahmen der erstbehandelnden Stelle zukommt.

2. Modelle der Nachsorge

Die onkologische Nachsorge kann auf verschiedene Art und Weise erfolgen. Entweder übernimmt die primärbehandelnde Klinik mit einer Spezialambulanz auch die Nachbetreuung oder diese erfolgt in enger Zusammenarbeit mit den niedergelassenen Ärzten. Bei dem geringsten Verdacht auf das Auftreten von Metastasen oder eines Rezidivs, geht die Behandlung zunächst auf jeden Fall an die Klinik zurück, kann aber wieder vom Hausarzt übernommen werden, wenn sich der Verdacht zerstreut hat. Bei Tumorprogression gehört die Patientin unbedingt in Klinikbetreuung. Die Hauptaufgabe der onkologischen Nachsorgeambulanz ist die Koordination der verschiedenen speziellen Maßnahmen. Die Nachsorge ist ein wichtiger Bestandteil des therapeutischen Gesamtbehandlungsplanes und begleitet die Patientin durch ihr ganzes Leben.

3. Folgewirkungen der Primärtherapie

Im Rahmen der Nachsorge werden unerwünschte, jedoch oft unvermeidbare Auswirkungen der Karzinomtherapie erfaßt. Die zunehmend radikalere Operation, aufwendige Bestrahlungsformen und aggressive Chemotherapie beeinträchtigen nicht nur das Tumorgewebe, sondern auch den Gesamtorganismus.

Therapiebedingte Veränderungen, wie Ureter- und Darmstenosen oder Verwachsungen, sind, soferne nicht ein Behandlungsfehler unterlaufen ist, individuelle Reaktionen auf die Operation. Wie überhaupt Blasenentleerungsstörungen, Stuhlschwierigkeiten und Lymphzysten, je nach Radikalität, bekannte Operationsfolgen sind. Die Fortschritte in der Operationstechnik haben aber die Spätfolge im letzten Jahrzehnt deutlich verringert.

Anders liegen die Verhältnisse bei bestrahlten Patientinnen. Die Komplikationen treten oft erst nach Jahren auf. Durch die Anwendung von high energy photons haben sich die Früh- und Spätfolgen deutlich verringert. Durch die Teletherapie wird die Cutis und Subcutis immer beeinflußt. Die unmittelbare Folge ist das Auftreten eines Erythems mit nachfolgender Epidermiolyse und vermehrter Pigmentierung. Als Spätfolge kann es zum Auftreten von Atrophien oder Induration der Subcutis kommen. Aber auch an tiefergelegenen Organen, wie der Harnblase, dem Darm und den Ureteren, kann es zu Strahlenfolgen kommen. Frühreaktionen der Blase, wie Dysurie, Tenessmen und Restharnbildung können, wenn sie unbehandelt bleiben, zu Spätfolgen wie Hämaturie, Nekrosen, chronischer Infektionen und Blasen-Scheidenfisteln, oder Ureterfisteln führen. Vor allem die Fistelbildung ist gefürchtet. Zu Zeiten der Brachytherapie, ohne genaue Dosisberechnung, war dies eine häufige Spätkomplikation. Durch eine konsequente Nachkontrolle können solche Schäden frühzeitig erkannt und behandelt werden.

Die zytostatische Chemotherapie ist, entsprechend den eingesetzten Substanzen, von unterschiedlicher Wirkung auf die Organe. Eine aggressive zytostatische Therapie führt in der Regel zu einer Schwächung der Immunlage und zur Begünstigung von Infektionen. Deshalb ist der Nachweis von Infektionserregern und die Behandlung von Infektionen von großer Bedeutung. Vor allem zu beachten sind Infektionen durch Candida und Aspergillus.

4. Zweiterkrankung

Das Auftreten von Zweiterkrankungen bei Malignompatientinnen ist ein oft zu beobachtender Faktor. Die Zweiterkrankungen können allein und in Kombination beobachtet werden. So fanden wir bei Frauen mit einem Ovarialkarzinom in 25 % der Fälle Zweiterkrankungen wie Diabetes mellitus, Herz-Kreislauf-Erkrankungen, chronische Nephritis oder Leberparenchymschaden, bei Zervixkarzinom sogar in rund 40 % der Fälle. Wesentlich häufiger mußten solche zusätzlichen Erkrankungen bei Patientinnen mit einem Korpuskarzinom behandelt werden. Prinzipiell müssen alle diese Gesundheitsstörungen abgeklärt und therapiert werden, damit sie das Tumorleiden nicht negativ beeinflussen.

Es ist bekannt, daß Tumorpatientinnen ein mehrfach erhöhtes Risiko tragen, an einer Zweitneoplasie zu erkranken. Gesichert erscheint vor allem die Koinzidenz zwischen Mammakarzinom und Ovarialtumoren, sowie Zweitmalignomen nach Strahlen- oder Chemotherapie. Bei etwa 20000 Patientinnen der Nachsorgeambulanz der Grazer Klinik traten in 1,5 % der Fälle Zweittumore auf.

5. Klinische Untersuchung

Für die Nachsorge sollten Protokolle erstellt werden, die nach Besonderheit des Falles variiert werden müssen (Tabellen 1–4). Diese Vorschläge beruhen auf einem seit Jahrzehnten bewährten Modell. Damit ist auch eine Evidenzhaltung möglich, die über ein computergesteuertes Programm die Patientinnen zur Kontrolle einberufen kann. Üblicherweise endet die Nachsorge nach 10 Jahren. Wir wissen aber, daß es auch über diese Zeit hinaus immer wieder Rezidive gibt. Die Nachsorge sollte deshalb ein Leben lang andauern, am besten in der Form eines jährlichen gynäkologischen Check-up's, wie bei jeder gesunden Frau. Vor der gynäkologischen Untersuchung ist eine genaue Zwischenanamnese zu erheben. Dabei sollte nach Veränderungen seit der Behandlung oder der letzten Untersuchung gefragt werden. Von besonderem Interesse sind allgemeine Beschwerden, Verdauungsprobleme, Schmerzen, Abnahme der Leistungsfähigkeit und Veränderungen des Körpergewichtes. Die gynäkologische Untersuchung sollte immer mit der Palpation des Abdomens und der inguinalen und supraklavikularen Region verbunden sein. Desweiteren wird die kolposkopische Untersuchung und die Abnahme des zytologischen Abstriches gemacht. Danach erfolgt die vaginale und rektale Untersuchung. Manchmal kann die gleichzeitige rektovaginale Untersuchung Aufklärung über unklare Befunde liefern.

6. Laboruntersuchungen

Im allgemeinen dienen die Laborparameter (Tabelle 1) nur in zweiter Linie zur Früherkennung von Rezidiven. In erster Linie sollen mit ihrer Bestimmung nach Verabfolgung einer zytostatischen Chemotherapie Schäden an blutbildenden Organen erkannt werden. Vor allem nach der Gabe von Alkylantien und langdauernder ununterbrochener Behandlung kann es zum Auftreten von Zweitmalignomen kommen. Leberfunktionstests können schon frühzeitig einen Hinweis auf Lebermetastasen geben. Der Anstieg der harnpflichtigen Substanzen kann auf eine Störung der harnabführenden Wege hinweisen.

Tabelle 1. Laborparameter in der Tumornachsorge

Laborparameter		Malignom
Blutbild	Hämatokrit Hämoglobin Leukozyten Thrombozyten	bei allen Karzinomen nach Chemotherapie
Leberfunktionstests	SGOT, SGPT Gamma-GT Bilirubin Alkal. Phosphatase	Mammakarzinom
Harnpflichtige	Harnstoff Kreatinin Harnsäure	bei allen Karzinomen nach Chemotherapie, Mammakarzinom
Urinanalysen	Bakterien Eiweiß	bei allen Karzinomen

7. Biochemische Untersuchungen

Durch die Bestimmung von Tumormarkern im Serum soll der Hinweis auf ein Rezidiv, bzw. Tumorfreiheit gewonnen werden. Die Tumormarker werden im Rahmen der Nachsorge (Tabellen 3–4) im Serum gemessen. Die Wahl des Tumormarkers richtet sich nach dem Tumortyp und nach dem Befund vor Therapiebeginn. Wird nur ein Marker bestimmt, so ist in der Nachsorge derjenige zu wählen, der prätherapeutisch am empfindlichsten reagiert hat. Bei speziellen Tumoren, wie die Trophoblasttumoren und endodermalen Sinustumoren ergibt sich die Wahl des Markers von selbst. Der Aussagewert der

Markerbestimmung bei den verschiedenen gynäkologischen Malignomen hat sich durch den Einsatz einer Tumormarkerkombination deutlich verbessert. Schon durch die Kombination von zwei Tumormarkern konnte gezeigt werden, daß in 30 % ein Rezidiv nachweisbar war, bevor dieses klinisch, bzw. mit bildgebenden Verfahren erfaßbar wurde. Im übrigen kann auch die Reaktion eines einzigen Markers einen Hinweis auf das Verhalten des Tumors geben.

8. Organspezifische Nachsorge

8.1 Vulvakarzinom

Nach der operativen Behandlung eines Vulvakarzinoms bedürfen die Patientinnen einer lebenslangen Nachsorge. Die Kontrollen werden die ersten zwei Jahre nach Primärtherapie vierteljährlich und danach alle 4–6 Monate vorgenommen. Nach 5 Jahren genügt eine jährliche Kontrolle (Tabelle 2). Die Rezidive treten vor allem lokoregional auf. Fernmetastasen sind selten. Das lokoregionale Rezidiv kann zunächst mit erythromatösen Papeln oder kleinen scharf begrenzten porzellanweißen Herden beginnen. Suspekte Bezirke sollten immer durch eine Biopsie abgeklärt werden. Bei multifokalem Befall kann die Kolposkopie für die Auswahl des verdächtigen Bezirkes sehr hilfreich sein. Es können auch polypöse infiltrierende Läsionen primär auftreten. In der Leistenbeuge tritt das Rezidiv in der Form umschriebener tastbarer schmerzhafter Knoten auf. Diese exulzerieren rasch. Etwa 80 % der Rezidive treten innerhalb der ersten zwei Jahren nach der Behandlung auf. In 18 % kommt es zum Auftreten von Lokalrezidiven im Bereiche der Vulva. Wesentlich seltener findet man Rezidive in den Leisten, Becken oder gar Fernmetastasen. In Abhängigkeit von der Art der Behandlung (einfache oder radikale Vulvektomie) ergeben sich naturgemäß Probleme im Bereiche der Vagina und damit auch für die vita sexualis, auf die im Rahmen der Nachsorge entsprechend einzugehen ist.

Tabelle 2. Tumornachsorge beim Vulvakarzinom

	1. u.2. Jahr (Monat)				3. Jahr			4. u. 5. Jahr		ab 6. Jahr
	3.	6.	9.	12.	4.	8.	12.	6.	12.	12.
Anamnese	+	+	+	+	+	+	+	+	+	+
Gewicht	+	+	+	+	+	+	+	+	+	+
Palpation	+	+	+	+	+	+	+	+	+	+
Kolposkopie/Vulvoskopie	+	+	+	+	+	+	+	+	+	+
Zytologie	+	+	+	+	+	+	+	+	+	+

8.2 Vaginalkarzinom

Häufigkeit und Art der Nachsorge entsprechen der beim Zervixkarzinom
(Tabelle 3). Erfahrungsgemäß treten die Rezidive vorwiegend in den ersten zwei bis drei Jahren als Lokalrezidive auf. Fernmetastasen in Leber
oder Lunge werden erst relativ spät beobachtet.

Tabelle 3. Tumornachsorge beim Vaginal-, Zervix- und Korpuskarzinom

	1. u. 2. Jahr (Monate)				3. Jahr			4 .u. 5. Jahr		ab 6. Jahr
	3.	6.	9.	12.	4.	8.	12.	6.	12.	12.
Anamnese	+	+	+	+	+	+	+	+	+	+
Gewicht	+	+	+	+	+	+	+	+	+	+
Palpation	+	+	+	+	+	+	+	+	+	+
Kolposkopie/Zytologie	+	+	+	+	+	+	+	+	+	+
Tumormarker	+	+	+	+	+	+	+	+	+	+
Thorax Rö.		+		+		+		+		+
i.v. Urogramm (Isotopennephrogramm)	+			+	+			+		
Sonographie		+			+				+	
Computertomographie			+				+	+		
Labor (nach Chemo)	+	+	+	+	+	+	+	+	+	+

8.3 Zervixkarzinom

Nach der Behandlung von intraepithelialen Neoplasien mittels ablativer
Therapie, Elektroexcision, bzw. Konisation sind fallspezifische Nachkon-
trollen notwendig. Besondere Berücksichtigung müssen die histologischen
Befunde an den Operationspräparaten finden. So genügt z.B. nach einer
Konisation einer zervikalen intraepithelialen Neoplasie im Gesunden, die
halbjährliche gynäkologische Untersuchung inklusive Kolposkopie und Zytologie vollkommen. Erfolgte die Konisation zervikalwärts nicht im Gesunden und wurde auf die Hysterektomie verzichtet, sollte regelmäßig durch
zwei Jahre halbjährlich auch eine Zervikalkanal-Curettage (ECC), bzw. eine
mikrohysteroskopische Untersuchung durchgeführt werden. Das gleiche
gilt auch für die konservativ behandelten Karzinome der Stadien Ia1 und
Ia2. Verlief der periphere Resektionsrand des Konus durch ein atypisches
Epithel, so wird ein Restbefund kolposkopisch leicht identifizierbar sein.

Nach ablativer Therapie sollten durch 2–3 Jahre engmaschige zytologische und histologische Kontrollen erfolgen. Bei jeglichem Verdacht ist eine Biopsie durchzuführen. Das Rezidiv bei operiertem Zervixkarzinom ist überwiegend im kleinen Becken lokalisiert. Fernmetastasen, meistens in Leber oder Lunge, finden sich in etwa 27 % und kommen eher im Stadium II der operierten Fälle vor.

Die Kontrollen müssen in den ersten drei Jahren engmaschig durchgeführt werden. Sie umfassen eine exakte klinische Untersuchung mittels Kolposkopie, Zytologie, vaginaler und rektaler Palpation. Regelmäßige sonographische und/oder computertomographische Untersuchungen des kleinen Beckens und Abdomens tragen zur Früherfassung von Rezidiven bei. Vor allem in der Untersuchung der Oberbauchorgane und des Retroperitoneums ist der Einsatz der bildgebenden Verfahren notwendig. Von besonderer Bedeutung ist die Kontrolle der Harnausscheidung, die bei sich anbahnenden Beckenwandrezidiven sehr früh gestört sein kann. Bei Patientinnen nach ultraradikaler Operation, wie Exenteration, sind die biochemischen und bildgebenden Verfahren die einzige Methode der Früherkennung. Tumormarker, vor allem SCC und CEA können bei mehr als 80 % der Patientinnen eine Früherkennung von Rezidiven fördern (Tabelle 3).

In Abhängigkeit von der Radikalität der Operation können sich, bei starker Verkürzung der Vagina, sexuelle Probleme ergeben. Entleerungsstörungen der Harnblase und des Darms müssen beachtet werden. Bei Vorliegen von Stomata ist auf die Pflege zu achten. Alle diese Details bedürfen einer eingehenden Besprechung und Beratung. Allein diese Maßnahmen kann die Verarbeitung der daraus resultierenden Probleme wesentlich fördern.

8.4 Korpuskarzinom

Auch für das Korpuskarzinom gilt, daß die Mehrzahl der Rezidive in den ersten zwei Jahren auftritt. Bei den operierten Fällen verteilen sich je nach Stadium die Rezidive auf den Scheidenblindsack, auf das Becken und auf die Organe des Abdomens. Bei 30 % aller Patientinnen mit Rezidiven im Behandlungsfeld ist gleichzeitig mit Fernmetastasen zu rechnen.

Dabei kann es sich um eine diffuse Peritonealkarzinose, um Metastasen der Lunge, Leber und Knochen handeln. Selten kommt es zu Lymphknoten-, Netz- oder Gehirnmetastasen. Für die Früherkennung von Rezidiven ist der regelmäßige Einsatz von radiologischen Methoden und der Tumormarker TPA und CEA von großem Vorteil. Da das Endometriumkarzinom in der Regel ein Karzinom der älteren Frau ist, ist auch mit internistischen Problemen, wie Hochdruck, Diabetes und Herzerkrankungen zu rechnen.

Eine gewisse Uneinsichtigkeit bezüglich des Sinnes der Nachsorge tritt bei den meist älteren Patientinnen häufig auf. Es bedarf deshalb eines gewissen Geschicks und Einfühlungsvermögens, um sie über die Sinnhaftigkeit der Nachsorge aufzuklären. Die Frequenz und die Art der Untersuchungen entsprechen der beim Zervixkarzinom (Tabelle 3).

8.5 Tumore der Adnexe

Die Nachsorge nach Ovarial- und Tubenmalignome stellt die größte Herausforderung für den gynäkologischen Onkologen dar. Unabhängig vom Tumorstadium, Art der Operation und der Nachbehandlung, muß immer eine intensive Nachsorge erfolgen. Die vaginale und rektale Untersuchung dient zum Ausschluß oder Nachweis von Veränderungen im kleinen Becken. Sie wird durch Ultraschall oder CT ergänzt. Desweiteren gehört der Nachweis der inguinalen und supraklavikularen Lymphknoten und die Beurteilung der Leber zu jeder Untersuchung. Die wichtigste Maßnahme ist die Bestimmung der Tumormarker im Serum. Sie sollte nach Möglichkeit alle zwei Monate durch zwei Jahre hindurch erfolgen und danach in Abständen von drei bis sechs Monaten (Tabelle 4). Auch noch nach fünf Jahren sollten die Tumormarker alle sechs Monate bestimmt werden. Bis zu sechs Monate vor der klinischen Bestätigung können die Marker, besonders wenn sie in Kombination angewandt werden, ein Rezidiv anzeigen. Durch den frühzeitigen Beginn einer Second-line Therapie oder einer Zweitoperation kann eine erfolgreiche Rezidivbehandlung möglich werden.

Tabelle 4. Tumornachsorge beim Ovarialkarzinom, Tubenkarzinom und Krukenbergtumore

	1. u. 2. Jahr (Monate)						3. Jahr				4. u. 5. Jahr		>5 Jahre
	2.	4.	6.	8.	10.	12.	3.	6.	9.	12.	6.	12.	12.
Anamnese	+	+	+	+	+	+	+	+	+	+	+	+	+
Gewicht	+	+	+	+	+	+	+	+	+	+	+	+	+
Palpation	+	+	+	+	+	+	+	+	+	+	+	+	+
Kolposkopie/Zytologie			+			+		+		+		+	+
Tumormarker	+	+	+	+	+	+	+	+	+	+	+	+	
Thorax Rö.		+				+			+		+		
Ultraschall/CT/MRI			+			+		+		+	+		
Immunoszitigraphie				+					+			+	
Labor	+	+	+	+	+	+	+	+	+	+	+	+	

Besonders zu beachten sind die Folgen eines radikalen Debulkings besonders aber auch die Folgen einer adjuvanten zytostatischen Therapie (Tabelle 1).

Psychoonkologie

Beginn des Endes

Ein Punkt nur ist es, kaum ein Schmerz, nur ein Gefühl, empfunden eben;
und dennoch spielt es stets darein; und dennoch stört es dich zu leben.
Wenn du es andern klagen willst; so kannst Du's nicht in Worte fassen,
du sagst dir selber: „Es ist nichts!" Und dennoch will es dich nicht lassen:
So seltsam fremd wird dir die Welt, und leis verläßt dich alles Hoffen,
bis du es endlich, endlich weißt, daß dich des Todes Pfeil getroffen.

Rainer Maria Rilke

1. Einleitung

Im Zentrum der hier wiedergegebenen, Betrachtungen steht das Krankheitserleben der Patientinnen, deren Ängste und Bewältigungsstrategien. Es wird gezeigt, auf welche Art Patientinnen sich selbst helfen können und wie die betroffenen Familien mit der Krankheit fertig werden. Nicht berücksichtigt werden, psychische Einflüsse auf Krankheitsentstehung und Krankheitsverlauf.

Danach wird auf die Situation der berufsmäßigen Betreuung eingegangen und nach Modellen zur Einführung psychosozialer Gesichtspunkte in die Onkologie gesucht. Und schließlich erscheint es auch nötig, sich Gedanken zur Sterbebegleitung zu machen.

2. Erste Reaktion auf die Diagnose

Mit der Diagnose „Krebs" verbinden die meisten Menschen schweres Leiden und vorzeitigen Tod. Es scheint ihnen mit einem Schlag alles genommen, so, als wären sie plötzlich ausgeschlossen aus der Gemeinschaft der übrigen Menschen, die ihre Zukunft planen und Lebenspläne verwirklichen können. Die Diagnose trifft sie wie ein Todesurteil und löst erst einmal Schock aus.

Andere Patienten, die sich schon länger auf unbestimmte Art krank fühlen, die sich durch Wochen und Monate hindurch müde, vielleicht sogar depressiv fühlten, mögen für's erste erleichtert sein: Jetzt weiß ich endlich was mit mir los ist.

Eine dritte Gruppe mag schon länger geahnt haben, daß sie ernstlich krank ist, diesen bedrohlichen Verdacht aber immer unterdrückt, von sich weggeschoben und sich selbst beschwichtigt haben. Wenige Menschen werden ihre Krebskrankheit sofort annehmen können, manche überhaupt nicht. Viele werden sich kürzer oder länger in einem Zwischenstadium zwischen Wahrheit und Verleugnung aufhalten, woraus sich viele Widersprüchlichkeiten im Verhalten der Patienten ergeben. Viele gehen durch eine schwere Zeit der Verbitterung und Verzweiflung: Warum gerade ich? Sie hadern mit ihrem Schicksal, mit Gott, machen sich und anderen insgheim Vorwürfe (Hätte ich doch das Rauchen aufgegeben! Der Doktor hätte das schon früher sehen müssen! etc.) und geraten dabei in einen trostlosen Zustand innerer Vereinsamung.

Die individuelle Persönlichkeit des Erkrankten prägt auch die Art, wie die Diagnose verarbeitet, die Krise überwunden wird. Wenn wir auch gewisse Reaktionsweisen an vielen Patienten beobachten können, müssen wir uns doch klarmachen, daß der innere Prozeß in jeder Person ganz individuell und im eigenen Zeitmaß abläuft. Es kann daher in der psychischen Begleitung dieser Kranken nur wenige allgemeingültige „Behandlungsempfehlungen" geben.

Der Helfer ist daher auf sein eigenes Einfühlungsvermögen angewiesen, wenn es darum geht, zu erspüren, was der Kranke zu einem bestimmten Zeitpunkt braucht, um die Diagnose optimal zu verarbeiten. Jeder Mensch kann seine Fähigkeit zur Empathie üben und verbessern.

3. Ängste im Zusammenhang mit der Krebserkrankung

Wie immer die erste Phase der Auseinandersetzung mit der Diagnose bewältigt wurde, ob sie abgeschlossen ist oder noch andauert, meist drängt die Zeit. Behandlungsmaßnahmen dürfen nicht mehr aufgeschoben werden, und der Patient muß nun lernen, mit der Krankheit zu leben. Das bedeutet auch: leben mit vielen, vielen Ängsten.

3.1 Ängste um Leib und Leben

Die Erkrankten hegen ein großes Mißtrauen gegen ihren eigenen Körper, sie können ihn nicht mehr wertschätzen. Trotz aller Behandlungen haben sie Angst vor dem Ausbleiben des Heilungserfolges, Angst vor der Wiedererkrankung, Angst vor dem vorzeitigen Tod. Jede banale Gesundheitsstörung kann mit dem Krebs in Zusammenhang gebracht werden und Panik auslösen. Jede Nachsorgeuntersuchung wird zum Alptraum, erweckt jedesmal wieder Todesangst. Die meisten haben auch Angst vor großen Schmerzen, vor Hilfsbedürftigkeit und langen Krankenhausaufenthalten. Die gängigen Behandlungsmöglichkeiten und die „Apparatmedizin" lösen weitere Ängste aus. Hilft die Chemotherapie, die Bestrahlung mehr, als sie anderseits schadet? Die Angst vor den Nebenwirkungen kann oft größer werden als die Angst vor dem Krebs.

3.2 Ängste um wichtige soziale Beziehungen

Einer großen Zahl von Kranken fällt es schwer, über ihre Erkrankung zu sprechen und sich mit ihren Gefühlen auseinanderzusetzen. Die Angehörigen stehen oft vor demselben Problem: Auch sie haben schlimme innere Bilder vom Leiden, das der Krebs mit sich bringt und fürchten, den Erkrankten bald zu verlieren. Auch bei ihnen setzen Ängste und Abwehrmechanismen ein, die den Umgang miteinander erheblich erschweren und zu einer gegenseitigen Entfremdung führen.

3.3 Angst um die Wertschätzung in der Gesellschaft

Viele halten es für notwendig, ihre Krebserkrankung geheimzuhalten, und dafür gibt es verschiedene Gründe:

- Angst, im Beruf benachteiligt zu werden
- Angst davor, daß die anderen Menschen sich vor ihnen zurückziehen
- Angst vor der Unsicherheit und dem ungeschickten Verhalten anderer
- Angst vor verletzenden Reaktionen
- Angst davor, das Ansehen bei anderen zu verlieren, abgewertet zu werden
- Angst vor falschem Mitleid, billigen Tröstungen oder „frommen" Lügen
- Angst vor der Auseinandersetzung mit den eigenen Gefühlen, wenn sie mit anderen darüber sprechen.

4. Hilfreicher Umgang mit der Krankheit

Ziele der psychoonkologischen Arbeit

Neben den Möglichkeiten der modernen Onkologie, die den Kranken eine Hoffnung auf Heilung gibt, ist der Umgang mit der Krankheit auf der psychosozialen Ebene von entscheidender Bedeutung für die Lebensqualität der Patientinnen. Folgende innere Haltungen sind als förderlich erkannt worden:

- die Krankheit als einen Teil der eigenen Person zu sehen und zu akzeptieren

- Ängste auszulassen, aushalten, klären
- die körperliche Reduzierung durch die Krankheit nicht als Minderung des Wertes der Person betrachten
- sich selbst zu mögen und selbstverantwortlich für seinen Körper zu sorgen
- zwischenmenschliche Beziehungen (wieder) befriedigend gestalten zu können
- sich auch mit dem Tod auseinandersetzen zu können und die Angst davor besser zu bewältigen
- bewußter leben zu können

4.1 Die Gesprächsgruppen und die psychotherapeutische Begleitung als Hilfe zur Selbsthilfe

Gibt es auch keine allgemein gültigen Rezepte, wie man mit dem Krebs lebt, da jeder seinen eigenen Weg finden muß, so hilft es doch, Wege vor sich zu sehen, die andere bereits gegangen sind. In einer Gesprächsgruppe kann ein lebendiger Austausch stattfinden, der den Kranken das Gefühl gibt, ihre Last nicht allein zu tragen.

Um eine Auseinandersetzung mit sich selbst als krebskranker Person zu ermöglichen, bedarf es eines geschützten Rahmens, in dem man offen über die Krankheit reden kann, wo man keine Rücksicht auf die Familie nehmen muß. Die Kranken wollen auch nicht immer nur Ratschläge, sondern oft einfach nur ein verständisvolles „Echo“. Das einfühlsame Zuhören der Gruppenmitglieder und der psychotherapeutischen Helfer erleichtert es den Patientinnen immer offener für ihr eigenes Fühlen zu werden, auch für erlebte Kränkungen und schmerzvolle Erfahrungen, die sie kaum ohne Hilfe verarbeiten können.

Wenn in der Gruppe gelernt wird, über die Krankheit zu sprechen, wirkt sich das auch in größerer Offenheit im Umgang mit anderen Menschen außerhalb der Gruppe aus. Diese Offenheit ist sehr erleichternd, ermöglicht einen sicheren Umgang der Patientinnen mit ihrer Umgebung und ist der erste Schritt zu einer positiveren Einstellung zur Krankheit.

Mit dem Thema Sterben und Tod wird jeder Krebskranke in verschiedenen Phasen seines Krankseins konfrontiert. Manche schieben es von sich weg und möchten auch in der Gruppe nicht darüber reden. Für andere ist es wichtig, ihre Todesangst auszusprechen und eine positive Einstellung zum Tod zu suchen, wenn das auch ein langer, schmerzlicher Weg sein mag. Es kommt viel Traurigkeit über die ungelebten Möglichkeit auf, für die keine Kraft und keine Zeit mehr bleibt. Diese Trauer darf nicht verwechselt werden mit Depression. Depression entsteht, wenn Gefühle unterdrückt statt gelebt werden. Trauer ist ein Übergangsstadium auf dem Weg der inneren Heilung, die, so bleibt zu hoffen, es dem Menschen ermöglicht, trotz körperlichen Verfalls seelisch heil und gesund zu sterben.

4.2 Andere Möglichkeiten der Psychohygiene

Neben der therapeutischen Gruppenarbeit oder Einzelbegleitung gibt es auch andere förderliche Maßnahmen für Körper und Seele, die der Kranken helfen können, ihr inneres Gleichgewicht zu bewahren oder wiederherzustellen:

- sich aktiv für die eigene gesunde Lebensführung und Ernährung einsetzen; sich Informationen beschaffen, diese prüfen, danach handeln
- auf körperliche Betätigung achten, maßvoll und angepaßt Sport betreiben (langsam laufen oder Tanzen stärken Körper und Seele gleichermaßen)
- Funktionelle Entspannung (nach Marianne Fuchs) ist eine ausgezeichnete Körpertherapie, die körperliche Blockierungen löst und das Gefühlsleben befreit
- Autogenes Training: durch bestimmte Übungen kommt es zu einer tiefen Entspannung des Körpers (Hypnoid); diese kann dazu benützt werden, sich selbst in positiver Weise zu beeinflussen
- Hatha-Yoga: bei dieser Art von Yoga handelt es sich um langsame meditative Übungen mit dem Körper; dies kann zu seelischer und körperlicher Entspannung führen und zur gefühlsmäßigen Erfahrung und Akzeptierung des Körpers
- Meditation hilft, von belastenden Gedanken und Gefühlen Abstand gewinnen
- Visualisierungsübungen nach Simonton

4.3 Selbsthilfegruppen

Diese werden meist für bestimmte, das Körperbild verändernde Problembereiche angeboten, etwa für brustkrebskranke Frauen, Patienten mit künstlichem Darm- oder Blasenausgang (ILCO) und für Patienten mit Kehlkopfkrebs. Selbsthilfegruppen vermitteln praxisnahe Unterstützung und Informationen; an einigen Orten werden auch Besuchsprogramme im Krankenhaus organisiert.

5. Krankheitsbewältigung in der Familie

Das Familiensystem als Ganzes ist von der Krebserkrankung eines seiner Mitglieder natürlich mitbetroffen. In der Auseinandersetzung mit der Krebskrankheit und den einschneidenden medizinischen Behandlungsmaßnahmen wird der Familie ein besonderes Maß an Entwicklungs- und Anpassungsfähigkeiten abverlangt.

Allgemein wird bei Familien mit schwer chronisch erkrankten Mitgliedern beobachtet, daß sich der *Zusammenhalt* verstärkt: die psychologischen

Grenzen zwischen den Mitgliedern schwinden, jeder denkt mehr an das Wohl des anderen als an sich selbst. Dadurch wird die Isolierung der Familie gegen Außenstehende, aber auch gegenüber eventuell bereits ausgegrenzten Familienmitgliedern größer.

Die Verhältnisse von Nähe und Distanz polarisieren sich. Die *Entwicklungsmöglichkeiten* der Familie werden eingeschränkt durch das übergroße Bedürfnis nach Harmonisierung und Erhaltung des inneren Gleichgewichtes. Altersgerechte Ablösungsprozesse stagnieren ebenso wie Fluktuationen innerhalb der gegenseitigen Beziehungen. Deutlich sichtbar wird auch ein komplimentäres Verhalten: läßt einer den Mut sinken, geben sich auch andere betont optimistisch.

Im Bereich der *Kommunikation* wirkt sich dieses Gleichgewichtsstreben einschränkend aus. Konflikte und belastende Gefühle werden in der Krankheitskrise unterdrückt, was jedoch wieder zu zusätzlichen Belastungen führt. Wo nichts mehr besprochen und überwunden werden kann, bewegt man sich bald in einem Minenfeld tabuisierter Themen.

Psychoonkologische Hilfe sollte darauf abzielen, daß die Familie lernt, nicht nur die dringend notwendige Haltefunktion zu erfüllen, sondern darüber hinaus auch Offenheit im Austausch und individuelle Entwicklung zu ermöglichen.

6. Die hilfreichen Helfer

W. SCHMIDBAUER (1986) hat in seinem schon zu einem Klassiker gewordenen Buch die „hilflosen Helfer" beschrieben, die sich durch ihre falsch verstandenen Idealbilder ständig selbst überfordern, und ausgebrannt und enttäuscht keine wirksame Hilfe mehr geben können. Wir müssen uns also auch mit der Situation der beruflichen Behandler (v. a. Ärzte und Pflegepersonen) befassen, und mit der Frage, wie diese Helfer sich ihre hilfreichen Potentiale erhalten können.

Vor allem ist der behandelnde Arzt im Leben der Erkrankten eine bedeutsame, ja zeitweise die wichtigste Person, an die sie alle Hoffnungen knüpft. Die Patientin erwartet von ihm fachliches Können und menschlich zugewandten, feinfühligen Umgang. Er soll aufrichtig und doch schonungsvoll informieren und er soll sich genug Zeit nehmen für Gespräche.

Vom Pflegepersonal erwarten die Patienten so etwas wie „mütterliche Wärme". Auch die Schwester soll sich öfter einmal zu einem Gespräch ans Bett setzen und der Patientin die Hand halten.

Dabei sind die Kranken aber sehr hellhörig und können echt empfundene Anteilnahme von routinemäßiger Freundlichkeit rasch unterscheiden.

Andererseits ist es für Ärzte und Pflegende oft schwer, diesen krebskranken Menschen zu begegnen, weil auch in ihnen Ängste hochkommen, oder weil sie sich oft selbst hilflos der Krankheit gegenüber fühlen. Für einen Helfer, der mit schwerkranken, verzweifelten Menschen arbeitet, wird es gelegentlich notwendig sein, daß er sich über seine Erfahrungen und Ängsten aussprechen kann. Für die eigene Psychohygiene ist es wichtig, Gefühle zulassen zu können und damit umgehen zu lernen. Wird ein solch gefühlsbeladenes Arbeitsgebiet auf die Dauer von Verleugnung bestimmt, so ist die Folge für alle Beteiligten verheerende Einsamkeit, Pseudokommunikation und existenzschädigende Berufsdeformation.

Möglichkeiten, sich in einem geschützten Rahmen über Schwierigkeiten auszusprechen und sich Unterstützung zu holen, bietet die bekannte Einrichtung der Balintgruppe oder die Teamsupervision. Manche Ärzte machen eine Psychotherapieausbildung, nicht um als Psychotherapeuten zu arbeiten, sondern um mit sich selbst und mit ihren Patientinnen besser umgehen zu können.

7. Modelle zur Einführung psychosozialer Gesichtspunkte in das onkologische Behandlungssystem

Um dem psychosozialen Gesichtspunkt in der Betreuung onkologischer Patientinnen Rechnung zu tragen, gibt es grundsätzlich zwei Möglichkeiten. Man kann einerseits die psychosoziale Kompetenz der Ärzte und Pflegepersonen erweitern, oder andererseits einen Psychoonkologen, d. h. einen mit der Behandlung Krebskranker vertrauten Psychotherapeuten, hinzuziehen.

7.1 Das ganzheitsmedizinische Modell

Ganzheitsmedizinisch ist immer Teamarbeit. Man könnte diese Art von Medizin auch „Beziehungsmedizin" nennen; zu dem Beziehungsnetz gehören alle. Alle sind gleich wichtig. Die Zeit, die mit der Patientin verbracht wird, soll stets auch psychosozial genutzt werden. Man hilft der Kranken bei der Bewältigung ihrer Situation, indem man gemeinsam ihre Gefühle zu verstehen und zu ertragen versucht. Schon bei der Anamneseerhebung wird darauf geachtet, was die Krankheit für die Patientin bedeutet, welche Assoziationen sie dazu hat, welche Vorerfahrungen sie mitbringt (z. B. mit einem krebskranken Verwandten) und welche Veränderungen die Krankheit im Familiensystem gebracht hat. Aus all diesen Informationen wird das Erleben der Patientin verständlicher.

Ein solcher Ansatz erfordert viel Kommunikation innerhalb des Teams, Fortbildung in Gesprächsführung und stützende Begleitung durch Balintgruppenarbeit und Teamsupervision.

Idealerweise sollte das ganze bestehende Sozialnetz der Patientin miteinbezogen und für die Patientin nutzbar gemacht werden. Man kann die Familien auf die Station einladen und Besprechungen führen, bei denen dann der Patientin und „alle, die für sie da sind", anwesend sind. Man kann auch den Hausarzt beraten, sodaß ein Teil der Behandlung extramural durchgeführt werden kann.

Aus psychoonkologischer Sicht wäre eine Krankenbetreuung, die ganzheitsmedizinisch ausgerichtet ist und so die krankmachende Spaltung zwischen Seele und Körper etwas zu mildern sucht, sehr wünschenswert.

7.2 Modelle zur Einbeziehung des Psychoonkologen in das medizinische Behandlungssystem

Das Konsilarkonzept: Die konsiliarische Zusammenarbeit liegt nahe, denn sie hat in der Medizin Tradition. Die Konsultation geht von der Klinik aus und bezieht sich auf einen ganz bestimmten Problemfall.

Dieses Modell hat den Nachteil, daß der Konsiliar nur zu „schwierigen", in irgendeiner Weise „auffälligen" Patientin gerufen wird; Überangepaßte, stumme Leidende bleiben unentdeckt.

Das Liaisonmodell: Bei diesem Setting stellt der Psychoonkologe einen bestimmten Anteil seiner Arbeitszeit der Klinik zur Verfügung. Für diese Zeit gehört er zum Stationsteam und nimmt an Visiten teil. Für die Einzelfallarbeit bringt das den Vorteil, daß konflikthafte Entwicklungen früher erkannt und behandelt werden können, und daß auch ohne die Vermittlung von Ärzten oder den Pflegepersonen Kontakte zu Patientinnen aufgenommen werden können.

Eigener psychoonkologischer Dienst: In diesem Falle gehört der Psychotherapeut ganz zum Behandlungsteam. Er kann dabei ein erweitertes Aufgabengebiet wahrnehmen, wie etwa eine ambulante Nachbetreuung von aus dem Krankenhaus entlassenen Patienten, und sich bemühen, psychosoziale Gesichtspunkte im Klinikalltag zu verbreiten.

Vermittlung von Patientinnen an frei praktizierende Psychotherapeuten.

8. Sterbebegleitung

Ebenso wie der Ort der Geburt hat sich der Ort des Sterbens aus der Familie mehr und mehr in das Krankenhaus verlagert – das Krankenhaus ist also nicht nur ein Ort für die Wiederherstellung der Gesundheit, sondern es leistet auch die intensive Pflege und aufwendige fachgerechte Behandlung, derer der Mensch in seiner letzten Phase bedarf. Ein humanes – also im vollen Sinne menschliches – Sterben zu ermöglichen, ist daher zugleich mit den Aufgaben der optimalen medizinischen Versorgung dem Krankenhaus zugefallen.

Ein hoher Prozentsatz der Sterbenden weiß um ihr nahes Lebensende bescheid. Es liegt an den Betreuern, ob sie mit diesem Wissen isoliert bleiben, oder ob sie über ihre Gefühle offen mit jemanden reden können, und zwar so viel und so oft sie es brauchen. Die Patientin ist auf die tragende

Nähe anderer gerade jetzt angewiesen, um dem Sterben und der drohenden Auflösung etwas entgegensetzen zu können.

Andererseits haben wir gesehen, daß auch Verleugnung für manche Patientinnen ein wichtiger Bewältigungsmechanismus ist, daher ist diese Verleugnung zu respektieren (– aber die des Helfers wäre ein schwerer Fehler!).

Im Zwischenreich zwischen Wahrheit und Verleugnung, zwischen Wissen und Nicht-wahrhaben-wollen, hat es die Patientin besonders schwer, vom Betreuer wird viel Toleranz und Sensibilität gefordert, um die Signale, die die Patientin setzt, richtig zu verstehen.

Angehörige und Betreuer werden oft gequält von der Sorge, im Umgang mit den Sterbenden etwas falsch zu machen. Weitaus schlimmer, als einen Fehler zu machen, ist es jedoch, gar nichts zu machen, sich von dem Sterbenden zurückzuziehen. In der Sterbebegleitung geht es nicht darum, perfekt zu sein, sondern Mensch zu bleiben.

Aus der Erfahrung von Hilflosigkeit und Versagen im Umgang mit Sterbenden, und dem Wunsch, ein humanes reifes Sterben zu ermöglichen, sind verschiedene Fortbildungsmöglichkeiten für Menschen in Sozialberufen geschaffen worden. In Seminaren zur Sterbebegleitung erwirbt man nicht nur psychologische Fertigkeiten im Umgang mit Sterbenden, sondern gewinnt sehr viel auch für den eigenen persönlichen Wachstumsprozeß.

Marianne Springer-Kremser
Marianne Ringler
Anselm Eder (Hrsg.)

Patient Frau

Psychosomatik im weiblichen Lebenszyklus

1991. 21 Abbildungen. X, 237 Seiten.
Broschiert DM 57,–, öS 398,–, Hörerpreis öS 318,40
ISBN 3-211-82305-0
Preisänderungen vorbehalten

„Das Buch, vorwiegend von Frauen geschrieben, gibt erstmals einen sehr breit
angelegten Rahmen der Psychosomatik im weiblichen Zyklus wieder. Die
Verfasser(innen) der einzelnen Kapitel stammen aus verschiedenen helfenden
Berufen, haben teilweise sehr unterschiedliche psychotherapeutische Ausbildungen
absolviert und sind auch therapeutisch tätig – was sich trotz der unterschiedlichen
Wurzeln zu einem gelungenem Ganzen fügt. Ausgehend von allgemeinen
Bausteinen zu einer Psychosomatik der Frau werden psychoanalytische,
systemische, endokrinologische und soziale Bedingungen sehr klar und deutlich
abgehandelt bevor auf spezielle Fachbereiche eingegangen wird ...“.

Wiener klinische Wochenschrift

„ ... Insgesamt ist die Thematik in diesem Buch sehr gut aufbereitet. Die Beiträge
sind klar untergliedert und auch für Laien gut verständlich, ohne dabei trivial zu
wirken; dafür sorgen auch die vielfältigen Literaturangaben. In einigen Beiträgen
erleichtern Abbildungen und Tabellen das Verstehen komplexer Zusammenhänge.
Besonders hervorzuheben ist, daß es den Autorinnen und Autoren gelungen ist, dem
Leser ihr gezieltes, aber doch für die Frau individuelles Vorgehen bei Diagnostik
und Therapie anschaulich zu vermitteln. Dieses Buch ist sicherlich für jede
interessierte Frau lesenswert, auf jeden Fall aber sollte es in der Bibliothek jeder
Kranken- oder Kinderkrankenpflegeschule seinen Platz haben, da es gut geeignet ist,
einen Überblick über das psychosomatische Geschehen im weiblichen Lebenszyklus
zu geben.“

Deutsche Krankenpflege-Zeitschrift

Springer-Verlag Wien New York

Sachsenplatz 4-6, P.O.Box 89, A-1201 Wien · Heidelberger Platz 3, D-1000 Berlin 33
175 Fifth Avenue, New York, NY 10010, USA · 37-3, Hongo 3-chome, Bunkyo-ku, Tokyo 113, Japan